數控加工系統
速度優化與補償

□振，王靜，田彥濤　著

智 慧 製 造

目　　錄

第1章

概述

1.1 數控設備及數控加工

　　數值控制機床主要通過電腦控制來實現機械零件加工的功能，所以又稱為電腦數值控制工具機（CNC 數值控制機床）。該系統本質上是一種位置控制系統，數控加工過程中最關鍵的部分是實現軌跡精確控制[1]。數控設備主要根據輸入的加工程式，進行數據處理與插補運算確定刀具與加工工件之間的運動軌跡，從而獲得理論運動軌跡[2]。

　　數值控制機床加工過程如圖 1-1 所示。主要加工流程可以分為以下幾個部分[3]。

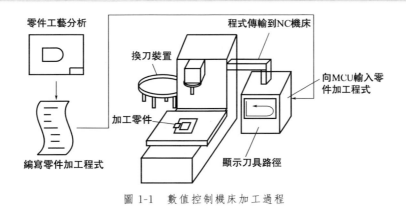

圖 1-1　數值控制機床加工過程

　　① 零件工藝分析：根據零件加工圖進行工藝分析[4]，確定加工路徑與加工方法。

　　② 編寫零件加工程式：根據數控系統編程規定與要求編寫數控加工程式，或者利用 UG、CAD 等自動編程軟體直接生成零件的加工程式文件。

　　③ 數控加工程式的輸入：通過操作面板或電腦的序列埠通訊直接將程式輸入單元之中。

　　④ 模擬運行與試運行：將輸入數值控制機床的加工程式進行試運行和模擬運行等操作。

⑤ 進行數控加工：當確認數值控制機床加工路徑正確時，運行數控程式，完成零件加工過程。

數值控制機床的種類與規格很多，各種方法也不盡相同。按照數值控制機床的運動軌跡進行分類主要可以分為兩類[5]。

(1) 點位置控制的數值控制機床

點位置控制的數值控制機床在移動過程中並不進行加工，各個加工座標之間的運動是不相關的，所以對於軌跡運動過程並不嚴格要求。為了實現快速定位加工，一般在兩個加工座標之間快速移動，當接近目標加工位置後減速運動，實現精確定位。具有點位置控制的數值控制機床有數控鑽床、衝床、鏜床等。但隨著科學技術與數控加工技術的發展，單純的點位數控加工已經不能滿足企業要求，現實情況中也較為少見。

(2) 軌跡控制的數值控制機床

軌跡控制的數值控制機床主要是對多個運動座標進行位置與速度控制。在兩點的加工座標之內還需要對工件加工路徑進行精確控制。為了工件輪廓相對運動軌跡符合高精度加工的要求，數值控制機床在各點的運動控制中還需要進行位置控制和速度控制，因此還要求數值控制機床具有插補功能。插補功能主要是將程式段所描述的曲線的起點、終點之間的空間進行數據密化，從而形成要求的輪廓軌跡。在運動過程中刀具或者磨具會對加工工件表面進行連續切削，進行圓弧、曲線、直線等加工。數控車床、數控磨床、數控銑床、加工中心等可以進行加工軌跡控制。

根據數值控制機床所控制的聯動方式與加工座標軸數目的不同，可以分為雙軸聯動和多軸聯動，其中雙軸聯動主要用於數值控制機床的平面加工和旋轉曲面加工，例如數控凸輪軸磨床等，兩軸通過聯動配合實現曲線加工過程。多軸聯動主要指三軸和三軸實現多軸聯動，多用於數控銑床和加工中心等場合中，可以在 X、Y、Z 三個座標軸內實現數控加工。有些數值控制機床可能還需要圍繞主軸進行旋轉聯動。

1.2　數值控制機床結構及原理

1.2.1　數控系統及伺服控制

數值控制機床一般由數控系統、伺服系統、控制櫃、HMI、機床機械結構和各類輔助裝置組成[6]，如圖 1-2 所示。

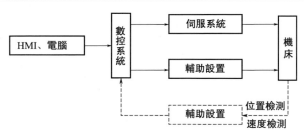

圖 1-2　數值控制機床的基本結構

① 數控系統：數控系統是實現機床自動控制的核心部件，該部分主要由控制系統、輸入設備、監視設備、可編程設備與各類 I/O 介面組成。控制方式可以分為數據運算處理控制與時序邏輯運算處理控制兩大類。其中數據運算處理控制主要實現數值控制機床刀具軌跡插補預算、路徑規劃等過程；時序邏輯運算控制主要由 PLC（可程式化邏輯控制器）來完成，主要負責信號判斷、加工過程輔助等過程。兩種控制過程中可以交換數據，讓數值控制機床能夠按照控制要求順序進行。

② 伺服系統：伺服系統是數控系統控制機床機體的主要環節，數控系統通過控制伺服系統達到控制機床的目的[7]。為了實現數值控制機床的高精度軌跡控制，伺服系統的高精度控制是極其重要的。下面我們分別介紹三種伺服系統的控制方式：

a. 開環控制（圖 1-3）：開環控制的特點是沒有回饋環節，主要通過給定信號的大小，直接確定伺服系統的位置。該類伺服控制系統因為機械驅動環節中的誤差沒有經過回饋和校正，所以控制精度不高，早期數值控制機床主要採用這類控制系統。

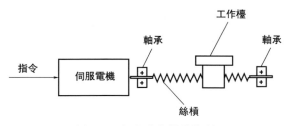

圖 1-3　伺服系統開環控制

b. 半閉環控制（圖 1-4）：該類伺服控制系統的位置環將轉角檢測元件獲得的角度，通過一定的關係計算獲得工作檯的位置。半閉環控制系統原理較為簡

單，相比於開環控制可以獲得較為準確的伺服位置控制，但是由於絲槓等機械裝置未在其回饋環節內，在伺服系統運動過程中可能會存在一定的驅動誤差，需要通過一定的方法進行修正。

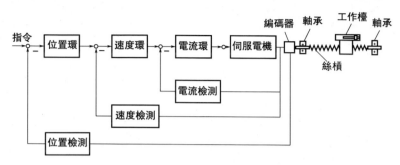

圖 1-4　伺服系統半閉環控制

c. 全閉環控制（圖 1-5）：全閉環伺服控制系統多採用直線位移檢測設備（例如光柵尺等），安裝在機床的工作檯上直接測量機床座標的位移量，通過位置回饋可以直接消除由於驅動造成的驅動誤差，得到較高的定位精度[8]。但由於機械環節中存在較多非線性因素，整個系統的穩定性校正會有較大的難度，系統的設計和調整過程都會變得相對複雜。該類伺服控制系統，現廣泛應用於高精度數控磨床、加工中心等設備之中。

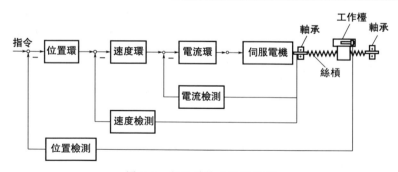

圖 1-5　伺服系統全閉環控制

③ HMI（人機介面）：HMI 主要實現數控系統的上位機功能，實現人與數值控制機床之間的連繫，主要完成參數設置、系統配置、PLC 編程、診斷服務等功能。其中 HMI 高級功能還可以實現介面的二次開發，豐富系統的介面配置。

④ 控制櫃：控制櫃主要用來安裝數控機頭的各類電氣電子組件，為數控系

統、伺服系統等設備提供可靠的電源，為相關設備提供過載、過流保護，對相關輔助的電氣電子組件進行控制。

⑤ 輔助裝置：主要包括自動換刀裝置、過載保護裝置等。

⑥ 機床機械結構：主要指機床本體組成的機械結構，其中包括數值控制機床的饋送驅動機構、工作檯、機身、刀具機構等。

1.2.2　數控系統實現刀具軌跡控制的關鍵

刀具的運動軌跡，主要是指加工過程中刀具相對於被加工工件的運動軌跡和方向，包括切削加工的加工路徑和刀具切入以及切出等非切削空行程[9]。數控刀具軌跡控制是非常重要的，因為它與零件的成形效率和表面品質都密切相關。數控刀具軌跡的優劣，將直接影響零件的加工品質與加工成本。而實現刀具軌跡控制的關鍵部分是實現單軸伺服馬達的高精度控制與多軸伺服系統的插補演算法。

在實際加工中，被加工工件的輪廓形狀千差萬別，嚴格來說，為了滿足幾何尺寸精度的要求，刀具中心軌跡應該準確地依照工件的輪廓形狀來生成，對於簡單的曲線數控系統可以比較容易實現，但對於較複雜的形狀，若直接生成會使演算法變得很複雜，電腦的工作量也會大大增加。在實際應用中，一小段直線或圓弧進行擬合就可滿足精度要求（也有需要拋物線和高次曲線擬合的情況）。這種擬合方法就是「插補」，實質上插補就是數據密化的過程。

插補的任務是根據饋送速度的要求，在輪廓起點和終點之間計算出若干個中間點的座標值。每個中間點計算所需的時間直接影響系統的控制速度，而插補中間點座標值的計算精度又影響到數控系統的控制精度，因此插補演算法是整個數控系統控制的核心。

1.2.3　數控系統基本指令及數控編程

數控程式的編程主要可以分為手動編程、在線編程和自動編程三大類[10]。其中手動編程主要通過鍵盤和個人電腦等方式，按照數控系統的編程指令方法編寫需要加工零件的圖紙。該加工方法只適合於加工較為簡單的零件。在線編程的編程方法與手動編程相同，其主要特點是可以在數值控制機床的加工過程中進行操作。

自動編程也稱為電腦編程。將輸入電腦的零件設計和加工資訊自動轉換成為數控裝置能夠讀取和執行的指令（或資訊）的過程就是自動編程。隨著數控技術的發展，數控加工在機械製造業的應用日趨廣泛，數控加工方法的先進性和高效性與冗長複雜、效率低下的數控編程之間的矛盾更加尖銳，數控編程能力與生產

不匹配的矛盾日益明顯。如何有效地表達、高效地輸入零件資訊，實現數控編程的自動化，已成為數控加工中急待解決的問題。電腦技術的逐步完善和發展，給數控技術帶來了新的發展契機，其強大的計算功能、完善的圖形處理能力都為數控編程的高效化、智慧化提供了良好的開發平台。數控自動編程軟體的功能不斷得到更新與拓展，性能不斷完善提高。作為高科技轉化為現實生產力的直接體現，數控自動編程已代替手工編程在數值控制機床的使用中起著越來越大的作用。目前，CAD/CAM 圖形互動式自動編程已得到較多的應用，是數控技術發展的新趨勢。它利用 CAD 繪製的零件加工圖樣，經電腦內的刀具軌跡數據進行計算和後置處理，自動生成數值控制機床零部件加工程式，以實現 CAD 與CAM 的集成。隨著 CIMS 技術的發展，當前又出現了 CAD/CAPP/CAM 集成的全自動編程方式，編程所需的加工工藝參數不需要人工參與，直接從系統內的CAPP 資料庫獲得。

1.3　數控設備加工誤差

① 單軸的跟隨誤差現象、產生原因以及速度對誤差的影響。數值控制機床的核心部分就是伺服控制系統，通過運動控制器綜合控制各放大器及執行器，來實現數值控制機床的速度控制、位置控制等動作，所以伺服控制系統的動態及靜態性能的好壞是加工精度的最關鍵因素[11]。在凸輪加工過程中，各加工軸需要隨輪廓形狀的不同在極短時間內啟動、停止或改變速度，伺服系統應同時精確地控制各加工軸的位置和速度，所以伺服系統的靜態和動態特性直接影響了凸輪軸和砂輪的協同運動和位置精度，在兩軸上都各自產生了追蹤誤差，進而一同導致了凸輪輪廓的誤差[12]。本節先從伺服控制系統的穩態特性來對追蹤誤差進行分析，並試圖尋找影響追蹤誤差的因素。

② 多軸插補的配合誤差[13]。在實際加工過程中，各軸有不同追蹤誤差，這使得各軸在實際磨削加工過程中會產生較大的配合誤差，為了減少配合誤差，應該注意演算法的優化。通過交叉耦合等演算法的應用，可提升各軸的配合程度，減少凸輪輪廓誤差[14]。

③ 電機的最大轉矩、速度等約束條件的影響。磨床的 X 軸、C 軸電機的最大轉矩直接影響兩軸的最大加速度，當凸輪的形狀需要較大的 C 軸或 X 軸速度變化率時，受電機轉矩、速度的約束，會造成某段曲線範圍內的跟隨誤差加大，影響凸輪的輪廓精度，甚至相位角。

④ 引起加工誤差的其他因素[15]：機械驅動誤差、機械間隙、剛度、刀具磨損、共振。

參考文獻

[1]　趙童力，李維亮．機械加工工廠數控設備網絡架構探索[J]．中國設備工程，2017（20）：130-132.

[2]　趙東方．複雜機電產品高柔性數控生產單元構建與調度研究[D]．北京：北京科技大學，2017.

[3]　魏華．數控技術中數控設備的選擇及程序管理[J]．電子技術與軟件工程，2017（08）：126-127.

[4]　周林，吳昌盛，林杰，等．數值控制機床工藝術語標準化初探[J]．機械工程與自動化，2016（04）：208-209.

[5]　林海亭．新型網絡數控系統的研究與實現[D]．廈門：華僑大學，2016.

[6]　韓霜，劉志新，楊旭，等．基於組件技術的開放式數控系統體系結構[J]．農業機械學報，2007，38（10）：127-131.

[7]　孫如軍．數控液壓伺服系統組成及工作原理[J]．機床與液壓，2007，35（8）：125-126.

[8]　王友林．數控雙轉軸式迴轉工作檯的結構與工作原理[J]．船舶，2008，30（3）：102-103.

[9]　富大偉，劉瑞素．數控系統[M]．北京：化學工業出版社，2005.

[10]　陳景．開放式數控銑床控制系統的設計與研究[D]．合肥：合肥工業大學，2008.

[11]　李瑞斌，張立仁，時海軍．數值控制機床加工誤差產生的原因及其對策[J]．長江大學學報（自科版），2010，07（3）：320-322.

[12]　劉麗冰，喬小林，劉又午．多軸數值控制機床加工誤差建模研究[J]．河北工業大學學報，2000，29（3）：1-6.

[13]　鄭財，黃賢振．三軸數值控制機床加工誤差分析[J]．製造技術與機床，2016（8）：87-90.

[14]　付鐵，丁洪生，龐思勤，等．基於靜剛度的變軸數值控制機床加工誤差仿真研究[J]．北京理工大學學報，2002，22（6）：672-674.

[15]　焦景龍．數值控制機床加工誤差原因及對策分析[J]．山東工業技術，2016（6）：2.

第2章

凸輪的磨削加工

2.1 凸輪簡介

　　凸輪是一個具有曲線輪廓或凹槽的構件，通常繞凸輪軸作連續或不連續等速轉動，從動件根據凸輪片形狀設計使它獲得一定規律的運動[1]。凸輪機構能實現複雜的運動要求，廣泛用於各種自動化和半自動化機械裝置中。凸輪機構一般是由凸輪、從動件和機架三個構件組成的高副機構[2]，由凸輪帶動從動件作回轉運動或往復直線運動。凸輪機構的分類有很多種，這裡只按照從動件的形狀進行分類，將凸輪機構分為尖頂從動件、滾輪從動件和平底從動件三種[3]，如圖 2-1所示。

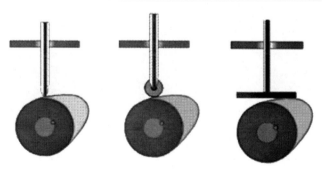

圖 2-1　凸輪機構

2.1.1 凸輪類型及特點

　　凸輪軸是活塞發動機的一個關鍵部件，作用是控制氣門的開啟、閉合與開合量。其主體由一根圓柱形棒體構成，在上面固定多個凸輪片，這樣設計的目的在於推動各個氣閥桿的運動[4]。其可以定義為一個具有曲面或曲槽的機件，利用擺動或回轉，可以使另一組件或者從動子提供預先設定的運動。按外形可分為三

類：盤形凸輪、移動凸輪、圓柱凸輪。

2.1.2　盤形凸輪

盤形凸輪[5]（圖 2-2）可以定義為繞固定軸線轉動且有變化直徑的盤形構件，它將從動件的運動規律設計於盤形凸輪片之中，通過盤形凸輪片的回轉運動，實現從動件的往復運動[6]。因為該類凸輪設計簡單，機械加工相對來說較為容易，所以廣泛應用於傳統製造機械領域。

2.1.3　偏心輪

偏心輪[7]（圖 2-3），顧名思義，就是指這個輪的中心不在旋轉點上，一般指代的就是圓形輪。當圓形輪沒有繞著自己的中心旋轉時，就成了偏心輪[8]。偏心輪也是凸輪的一種，一般來說偏心輪主要的目的是產生振動，像電動篩子、手機裡面的振動器都是用偏心輪。

圖 2-2　盤形凸輪

圖 2-3　偏心輪

2.1.4　共軛凸輪

共軛凸輪[9]（圖 2-4）是由固結在同一軸上的主、回兩凸輪組成的，它們分別控制從動件往返兩個行程，以保持凸輪與從動件之間的鎖合狀態。共軛凸輪機構中的主、回凸輪是相對而言的。設計者通常把完成主要工藝動作的那個凸輪稱為主凸輪，而另一個稱為回凸輪。

圖 2-4　共軛凸輪

2.2 數控凸輪軸磨床的座標系

2.2.1 數控凸輪軸磨床的結構及主要運動

凸輪軸磨床是實現凸輪磨削加工的設備，將凸輪軸上的各個凸輪片從初始的圓盤坯料加工成凸輪形狀。圖 2-5 為 MK8312G 型數控凸輪軸磨床的實物圖，該設備磨削時，因凸輪軸水平放置，故稱為臥式凸輪軸磨床。

圖 2-5　MK8312G 型數控凸輪軸磨床實物圖

常用的凸輪軸磨床，按凸輪軸裝卡方向的不同，可分為立式磨床和臥式磨床兩大類。其中，臥式磨床一般結構簡單，但因凸輪軸水平裝卡，可能會因為自重引起彎曲，影響磨削精度，對於細長型凸輪軸這種現象更加嚴重，一般採用增加支撐架的方式解決；而立式磨床中，因凸輪軸豎直放置，可以避免自重引起的凸輪軸彎曲現象。

不同形式的數控凸輪軸磨床具體機械結構不同，但實現的凸輪磨削工藝基本相同，因而磨削動作基本相同。MK8312G 型凸輪軸磨床的動作示意圖如圖 2-6 所示。

說明如下。

① 砂輪旋轉由電主軸實現，有些經濟型凸輪軸磨床的主軸用普通電機拖動。

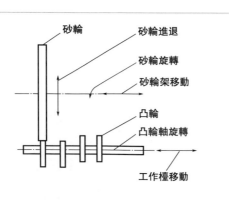

圖 2-6　MK8312G 型凸輪軸磨床動作示意圖

② 砂輪進退和凸輪軸旋轉均由伺服馬達拖動，兩軸配合運動，共同決定凸輪的加工精度和表面品質。兩軸的插補控制是數控磨床的核心。通常稱砂輪的進退動作為 X 軸，凸輪軸旋轉為 C 軸。

③ 工作檯的移動同樣由伺服馬達拖動，通過工作檯帶動凸輪沿軸向運動，將等磨的凸輪片對準砂輪，實現凸輪片的選擇，通常稱為 Z 軸。有的磨床在磨削過程中，Z 軸在一定範圍內作往復週期性運動，可以避免砂輪表面磨損不均的現象。

④ 砂輪架移動與工作檯移動的功能相同，有的磨床採用砂輪架移動方式，以伺服馬達拖動。這種方式要求砂輪既能進退運動，又能左右運動，因而機械結構複雜。

2.2.2　數控凸輪軸磨床的設備座標及參數

數控凸輪軸磨床的設備座標採用以凸輪軸為中心的極柱座標，如圖 2-7 所示。

在該座標系中，X 軸相當於極座標的極徑，C 軸相當於極角，Z 軸相當於極柱座標的高。通常以凸輪軸左端圓心點為座標原點。砂輪圓心同樣由該座標系所確定的 X 值確定（有的設備採用砂輪尖端當作參考座標，但隨砂輪消耗需調整）。

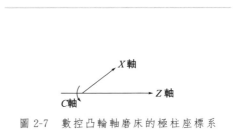

圖 2-7　數控凸輪軸磨床的極柱座標系

砂輪半徑是磨床中的重要參數，通常用 R 表示。砂輪半徑與磨削運動軌跡密切相關。砂輪半徑也是凸輪磨削軌跡計算中的重要參數。

2.3　凸輪磨削的數據處理

2.3.1　凸輪升程表數據的預處理

凸輪的輪廓曲線由升程數據所決定[10]。所謂升程數據，就是凸輪的每一個旋轉角度，對應著所帶從動件發生的位移量。通常情況下，廠商提供的升程表可以是不同時刻凸輪旋轉角度及相應從動件位移量的離散數據，也可以直接是函數表達式。這兩種形式的升程數據實質上是等價的，經數學計算可相互轉換。本節

選取離散升程數據進行研究。

實際工程中，生產廠商對凸輪進行正式磨削前，需要先對離散的升程數據進行分析和處理[11]。這是因為凸輪在設計、製造加工、運輸、測量以及仿製過程中都有可能存在誤差，導致所提供的原始升程數據包括了一些個別點。當表徵凸輪輪廓的升程數據存在個別點時，直接對離散點進行常規的擬合處理，必然會引入很大的誤差，產生失真現象[12]，使得實際磨削加工時，砂輪控制軸的饋送速度及加速度不連續，甚至突變，引起衝擊，使凸輪在磨削過程中承受的磨削力突變、砂輪架顫振，最終這些問題都反映在凸輪的磨削精度上。如凸輪表面產生小棱面，形成波紋或較大輪廓誤差等[13]。因此，對凸輪的原始升程數據進行優化處理很有必要，通過對升程值的微小調整，維持凸輪原本的形狀並提高其平滑性，以消除數據中可能帶有的誤差。這不僅影響著凸輪的加工工藝，對其系統的磨削速度、加工精度、砂輪路徑以及控制演算法的研究等也有著重要影響。

本節對原始升程數據進行分析，以高階導數為衡量指標，進行光順處理。然後對光順後的數據進行三次雲規插值，在二次光順的同時完成數據的密化擬合，保證數據間的連續性。

數學上對曲線的光順要求，是具有二階的連續導數，無多餘轉曲點且曲率變化均勻。對於凸輪升程數據，要使處理後的數據能夠還原凸輪的特性與原貌並消除可能存在的誤差，就需要對升程值作微小調整，以減小升程曲線自身以及速度、加速度曲線的波動程度，實現其平滑性的提高。從幾何角度來說，就是儘量降低升程曲線的高階導數波動並減少多餘轉曲點，同時不改變高階導數的變化走勢。這裡選取文獻［13］的中點回彈法進行光順，分為三個步驟：判斷原始數據的平滑性、光順處理和光順前後數據的對比分析。

（1）判斷平滑性

首先需選取衡量光順處理效果的指標。以維持凸輪輪廓的原有特性為前提，儘量降低曲線高階導數的波動，減少轉曲點，就能提高曲線的平滑性。而無論是高階導數還是轉曲點，都和曲線的導數有關，因此選取升程數據的二階、三階導數作為指標。通過觀察光順處理前後數據二階、三階導數的連續性及波動程度，判斷數據的平滑性。

以一特定凸輪的升程數據為例，計算得到其二階、三階導數曲線，如圖 2-8 所示。其中實線為升程數據的二階導數曲線，虛線為升程數據的三階導數曲線。

從圖 2-8 中可以看出，無論是二階導數曲線還是三階導數曲線，從角度 30° 開始直到角度 90° 處，中間過渡波動較大，此特徵在三階導數曲線上表現得尤為明顯。還發現在該角度範圍內，二階導數曲線出現多次正負變化，存在多個轉曲點。

（2）數據的光順處理

現存的數據光順方法可分為兩種：局部光順法和整體光順法[13]。局部光順

法依據對升程數據二階、三階導數曲線的直觀觀察，人為選取肉眼可見的波動較大數據段進行局部高次擬合。該方法大多採用互動式，節省了大量的計算步驟，且數據改變數小，缺點在於所選數據段的段首與段尾處可能發生局部跳動。而整體光順法則是將所有控制點均看作未知量，通過將光順問題轉化為一個最佳化問題，實現方程組求解[14]。常見的整體光順法包括差分法、回彈法、圓率法和磨光法。本文選取中點回彈光順法[14]，其實現過程如下。

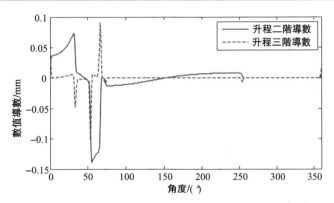

圖 2-8　原始升程數據的二階、三階導數曲線（電子版❶）

① 給出升程表中凸輪旋轉角度的節點 $x_0, x_1, \cdots, x_n$ 和對應升程值 y_0，$y_1, \cdots, y_n$，進行三次雲規插值，得到的插值函數為 $h^1(x)$。

② 取各區間 $[x_i, x_{i+1}]$ 的中點座標值 $(x_i + x_{i+1})/2 (i = 0, 1, \cdots, n-1)$，同原始數據中的兩個端點值 x_0、x_n 構成新的數組。將它們按大小順序進行升序的排列，記為 $z_0, z_1, \cdots, z_{n+1}$ $[z_0 = x_0, z_i = (x_i + x_{i+1})/2, i = 1, 2, \cdots, n-1,$ $z_{n+1} = x_n]$，共 $n+2$ 個節點，然後將這些節點在函數 $h^1(x)$ 上的取值記為 y'_0，$y'_1, \cdots, y'_{n+1}$。

③ 對新的數組節點 $z_0, z_1, \cdots, z_{n+1}$ 和對應升程值 $y'_0, y'_1, \cdots, y'_{n+1}$ 再次進行三次雲規插值，得到新的插值函數 $h^{11}(x)$。

④ 由剛剛得到的新插值函數 $h^{11}(x)$，求取原來節點 $x_0, x_1, \cdots, x_n$ 處的函數值 $y^{11}(x_0), y^{11}(x_1), \cdots, y^{11}(x_n)$。為了方便接下來的操作，可簡記為 $y_0^{11}, y_1^{11}, \cdots,$ y_n^{11}。這是對原始升程值 $y_0, y_1, \cdots, y_n$ 的第一次調整。

⑤ 如此循環進行，反覆調整升程值，直到相鄰兩次調整值之間的誤差滿足式（2-1）為止。

---

❶　為了方便讀者學習，書中部分圖片提供電子版（提供電子版的圖，在圖上有「電子版」標識文字），掃描前言中 QR 碼即可下載。

$$\max \mid y_i^{11} - y_i \mid \leqslant \xi, i = 0, 1, \cdots, n \qquad (2\text{-}1)$$

式中，ξ 為一個很小的閾值，用來控制光順處理的次數。

根據經驗，通常取 $\xi = 0.0002$。得到的最後一次調整值就是所求的凸輪升程數據。

（3）光順前後數據的對比分析

對比分析光順處理前後的升程數據。圖 2-9、圖 2-10 分別為凸輪升程數據光順處理前後的二階、三階導數曲線，其中虛線為光順前的曲線，實線為光順後的曲線。可以發現，角度 30°～90°範圍內的升程數據經光順處理後的波動程度明顯低於處理前，並且光順後的二階導數曲線正負變化次數減少，轉曲點個數減少，曲線的平滑性得到了提高。然而無論是二階導數曲線還是三階導數曲線，其波動程度減小，並不改變曲線的變化走勢，因此在曲線平滑性提高的同時，該方法維持了凸輪輪廓的原本特性。

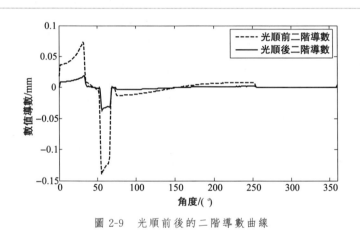

圖 2-9　光順前後的二階導數曲線

2.3.2　升程數據的密化處理

經光順處理後的數據，已經滿足了凸輪磨削加工的光滑性要求，消除了升程數據中可能帶有的誤差。接下來，對離散的升程數據進行插值擬合，以便後續生成連續的磨削點，進一步提高凸輪的磨削精度。

在上面的中點回彈法中已經穿插使用到三次雲規插值，這裡的插值擬合將再次使用該方法。三次雲規插值是利用三次多項式對離散點進行擬合的一種方法，具有最佳逼近的特點和很強的收斂性。而且由三次雲規插值擬合的曲線，整體上較為光滑，曲率變化連續。對凸輪升程數據使用三次雲規插值，可以很好地保持凸輪輪廓的原有特性，避免擬合過程中造成二次誤差。為了方便描述三次雲規插

值的實現過程，定義函數如下。

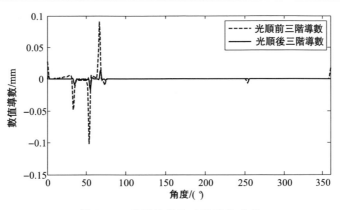

圖 2-10　光順前後的三階導數曲線

設 $f(x)$ 是區間$[a,b]$上連續可微的函數，在區間$[a,b]$內給定一組節點並進行均勻劃分：$a=x_0<x_1<x_2<\cdots<x_{n-1}<x_n=b$。

設另一函數 $s(x)$ 滿足兩個條件：$s(x)$ 在每個劃分區間$[x_i,x_{i+1}]$（$i=0,1,2,\cdots,n-1$）上都是三次多項式；$s(x)$ 在整個區間$[a,b]$上有二階連續的導數。則稱函數 $s(x)$ 是定義在區間$[a,b]$上的三次雲規插值函數。$x_0,x_1,\cdots,x_{n-1}$，x_n 是函數的雲規節點，其中 $x_1,x_2,\cdots,x_{n-1}$ 被稱為內節點，x_0，x_n 被稱為邊界節點。

已知給定區間$[a,b]$上的 $n+1$ 個點 $x_0,x_1,x_2,\cdots,x_{n-1},x_n$，其各自對應的函數值為 $f(x_0),f(x_1),\cdots,f(x_{n-1}),f(x_n)$。令插值函數 $s(x)$ 滿足：

$$s(x)=f(x_i),i=0,1,\cdots,n \tag{2-2}$$

式(2-2) 中，$s(x)$、$s'(x)$、$s''(x)$ 在$[a,b]$上均連續，則 $s(x)$ 就是函數 $y=f(x)$ 的三次雲規插值函數。

繼光順處理後，利用三次雲規插值擬合凸輪升程數據。假定凸輪的升程數據有 n 個離散點，記為 $P_i(x_i,y_i)$（$i=1,2,\cdots,n$），其中，在每個區間$[x_i,x_{i+1}]$上構造三次雲規函數：

$$h(x)=h_i(x)=a_ix^3+b_ix^2+c_ix+d_i,i=1,2,3,\cdots,n-1 \tag{2-3}$$

式中　x_i——凸輪轉角；

　　　y_i——其對應的升程值。

由於 n 個數據點之間有 $n-1$ 段擬合曲線，因此要確定所有的三次雲規插值函數，還需要 $4n-4$ 個約束條件。這些約束分別為：

① 三次雲規的插值條件要求插值函數通過所有節點 $x_1,x_2,\cdots,x_n$，即：

$$h_i(x)=h(x_i)=y_i \tag{2-4}$$

② 為了保證各段插值曲線的連續性，要求每個內節點 $x_2, x_3, \cdots, x_{n-1}$ 都滿足：

$$h(x_i + 0) = h(x_i - 0) \qquad (2\text{-}5)$$

$$h'(x_i + 0) = h'(x_i - 0) \qquad (2\text{-}6)$$

③ 各段插值曲線的連接處需滿足曲率連續，以維持原始數據曲線的整體光滑性，因此有各內節點 $x_2, x_3, \cdots, x_{n-1}$ 都滿足：

$$P_i'^- = P_i'^+ \qquad (2\text{-}7)$$

④ 上面的條件都是對內節點的要求，而凸輪升程數據的兩端點是與基圓平滑相接的，這就要求邊界節點的切矢量為固定值。設邊界節點的固定切矢量分別為 h_1'、h_n'，則有：

$$\left. \frac{\mathrm{d}h}{\mathrm{d}x} \right|_{x=x_1} = h_1' \qquad (2\text{-}8)$$

$$\left. \frac{\mathrm{d}h}{\mathrm{d}x} \right|_{x=x_n} = h_n' \qquad (2\text{-}9)$$

由上面的條件，將光順處理後的離散升程數據擬合成連續升程曲線，如圖 2-11 所示。

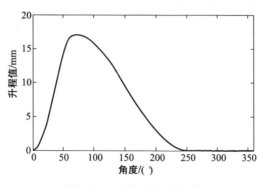

圖 2-11　凸輪的升程曲線

選取圖 2-11 中角度 $0° \sim 20°$ 的曲線進行局部放大，其擬合前後對比如圖 2-12、圖 2-13 所示，驗證了三次雲規插值演算法的有效性。

上述的光順處理和三次雲規插值，都是以維持凸輪輪廓曲線的原本特性為前提進行的。光順處理消除了升程數據間可能帶有的誤差。三次雲規插值密化了升程數據點，實現了二次光順，提高了升程曲線的平滑性，使得凸輪的磨削精度更高。若最終得到的數據喪失了原有特性，這些優化處理手段將失去意義。因此，需驗證優化後的升程數據是否維持了其原有特性。

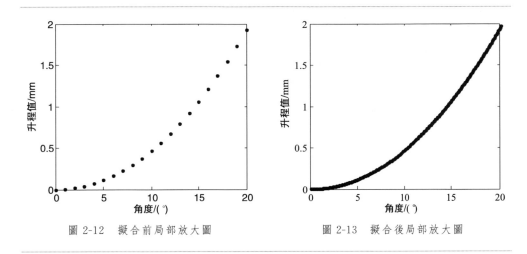

圖 2-12　擬合前局部放大圖　　　　　　圖 2-13　擬合後局部放大圖

　　無論是光順處理還是三次雲規插值，對升程數據的修正都十分微小。直接對比優化前後的升程曲線，肉眼無法區分。而凸輪的升程數據由 361 個離散點構成，可以通過對比優化前後曲線上幾個特徵點的升程值及修正值，分析原有特性的變化。圖 2-14 為所選取的幾個特徵點在凸輪輪廓及升程曲線上的位置，點 O 為凸輪基圓的圓心，φ_1 為推程運動角，φ_2 為遠休止角，φ_3 為回程運動角，φ_4 為近休止角，點 A、B、C、D 為所選取的特徵點，列出這些點優化前後對應的升程值，如表 2-1 所示。

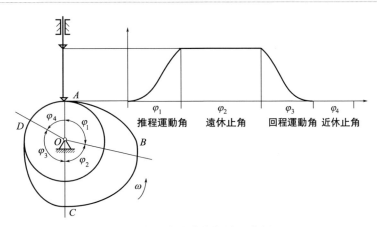

圖 2-14　特徵點的位置示意圖

　　表 2-1 中，曲線特徵點對應的升程值部分發生微小修正，其中的最大修正值為點 B 處的 0.00017mm。同時點 B 處的修正值也是整個凸輪升程數據中修正值

最大的。而升程值的單位是 mm，相比之下 $10^{-4}\,mm$ 的修正量微乎其微，並不影響原數據的特性。因此，優化處理後的升程數據，保持了凸輪輪廓曲線的原有特性。

表 2-1　優化前後的特徵點升程值 mm

特徵點	A	B	C	D
優化前	0.0046	16.9992	16.9984	0.0091
優化後	0.0046	16.99937	16.998428	0.0091006

2.3.3　凸輪輪廓及磨削關係計算

在凸輪機構中，凸輪的主動旋轉運動帶動從動件的直線往復運動，也就是說，凸輪的輪廓曲線形狀決定著從動件的運動規律。基於這個思想提出了反轉法[15]，假設凸輪保持靜止不動，從動件以固定的方向緊貼凸輪邊緣移動，由從動件的軌跡曲線可求得凸輪的輪廓曲線。

凸輪的從動件有很多類型，這裡以出現較多的尖頂從動件和滾輪從動件為例進行闡述。圖 2-15 所示為尖頂從動件下的凸輪輪廓示意圖，O_1 為基圓圓心，r 為基圓半徑，尖頂從動件與凸輪輪廓邊緣的接觸點為點 A。在直角座標系中，設點 A 的座標為 (x,y)，O_1B 是 O_1A 在 X 軸方向上的投影，θ 為升程表中的凸輪角度，則 $s(\theta)$ 為角 θ 對應的升程值。點 A 的軌跡曲線就是凸輪的輪廓曲線，此時直角座標系下凸輪輪廓曲線的數學方程為：

$$\begin{cases} x = [r + s(\theta)]\sin\theta \\ y = [r + s(\theta)]\cos\theta \end{cases} \tag{2-10}$$

圖 2-16 所示為滾輪從動件下的凸輪機構示意圖，O_2 為滾輪圓心，r_0 為滾輪半徑，$s(\theta)$ 為角 θ 所對應的升程值。不同於尖頂從動件，滾輪從動件緊靠凸輪邊緣移動一週，滾輪中心 O_2 的軌跡曲線是凸輪輪廓的一條等距曲線。因此求得這條等距曲線的數學方程後，需在每個與凸輪接觸的點的法線方向上減去一個滾輪半徑 r_0，就可得到凸輪輪廓曲線的數學方程。則滾輪中心點 O_2 的軌跡數學方程為：

$$\begin{cases} x = [r + r_0 + s(\theta)]\sin\theta \\ y = [r + r_0 + s(\theta)]\cos\theta \end{cases} \tag{2-11}$$

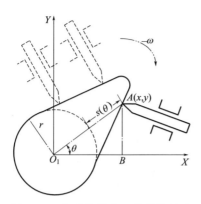

圖 2-15 尖頂從動件下的凸輪輪廓

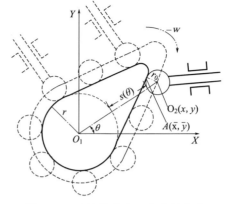

圖 2-16 滾輪從動件下的凸輪輪廓

接觸點處的單位法矢量：

$$
\begin{cases}
\boldsymbol{V}_x = \dfrac{\mathrm{d}y/\mathrm{d}\theta}{\sqrt{(\mathrm{d}x/\mathrm{d}\theta)^2+(\mathrm{d}y/\mathrm{d}\theta)^2}} \\[3mm]
\boldsymbol{V}_y = \dfrac{-\mathrm{d}x/\mathrm{d}\theta}{\sqrt{(\mathrm{d}x/\mathrm{d}\theta)^2+(\mathrm{d}y/\mathrm{d}\theta)^2}}
\end{cases}
\tag{2-12}
$$

求得凸輪的輪廓曲線數學方程為：

$$
\begin{cases}
\overline{x} = x - r_0 \boldsymbol{V}_x \\
\overline{y} = y - r_0 \boldsymbol{V}_y
\end{cases}
\tag{2-13}
$$

優化處理後的升程數據經反轉法折算，得到凸輪輪廓曲線如圖 2-17 所示。

2.3.4 理想磨削過程及磨削曲線

文獻 [16] 中給出了由輪廓曲線推導凸輪轉角與砂輪位置聯動數學模型的具體過程，這裡將直接給出其數學方程。圖 2-18 為凸輪轉角與砂輪位置的示意圖，O_1 為凸輪的基圓圓心，$O_2(X,Y)$ 為砂輪圓心，R 為砂輪半徑，ϕ 為凸輪的旋轉角度，$A(x,y)$ 為砂輪與凸輪輪廓接觸的磨削點，由點 A 的座標可計算得到直線 O_1A 與 X 軸正方向的夾角 δ。

因此，磨削點 A 處的單位法向量為：

$$
\begin{cases}
\boldsymbol{V}_x = \dfrac{\mathrm{d}y/\mathrm{d}\delta}{\sqrt{(\mathrm{d}x/\mathrm{d}\delta)^2+(\mathrm{d}y/\mathrm{d}\delta)^2}} \\[3mm]
\boldsymbol{V}_y = \dfrac{-\mathrm{d}x/\mathrm{d}\delta}{\sqrt{(\mathrm{d}x/\mathrm{d}\delta)^2+(\mathrm{d}y/\mathrm{d}\delta)^2}}
\end{cases}
\tag{2-14}
$$

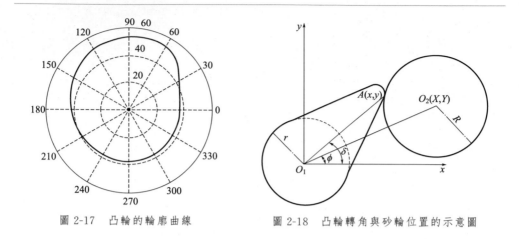

圖 2-17　凸輪的輪廓曲線　　　　　　圖 2-18　凸輪轉角與砂輪位置的示意圖

砂輪圓心 O_2 的軌跡為：

$$\begin{cases} X = x + R\boldsymbol{V}_x \\ Y = y + R\boldsymbol{V}_y \end{cases} \tag{2-15}$$

則砂輪圓心 O_2 與凸輪基圓圓心 O_1 的距離為：

$$D = \sqrt{X^2 + Y^2} \tag{2-16}$$

此時凸輪的旋轉角度 ϕ 為：

$$\phi = \arctan \frac{Y}{X} \tag{2-17}$$

式（2-16）與式（2-17）就是凸輪轉角與砂輪位置的聯動數學模型[17]。由此可得到磨削系統中凸輪旋轉軸與砂輪饋送軸的輸入序列值。

2.3.5　砂輪的往復運動與疊加饋送

在凸輪磨削完成時，隨著凸輪軸的旋轉，砂輪需做跟隨性的進退往復運動，確保磨削點一直在凸輪的輪廓曲線上，如圖 2-18 所示，點 O_1、O_2 的間距即為砂輪的圓心座標值。

磨削前，凸輪坯料一般為圓形，磨削時，隨著砂輪的由遠及近，將圓形坯料按漸近線的方式逐層磨削到理想形狀。磨削圖 2-17 所示形狀的凸輪時，其漸近磨削過程如圖 2-19 所示。因而磨削時，砂輪的運動是磨削理想曲線時的進退運動和逐層遞進運動疊加的結果。每圈的遞進量即為每圈的磨削厚度，把這種每圈的磨削厚度稱為砂輪（X 軸）的疊加饋送。當凸輪磨削到理想形狀時，疊加饋

送量減小至 0，然後逐層退出，防止砂輪停在一點上造成缺陷。

　　饋送量的大小對凸輪輪廓誤差和表面品質有較大影響，開始磨削時，可以加大饋送量以提高磨削效率，隨著形狀逐漸逼近目標值，應減小饋送量以提高凸輪精度和表面品質。通常將磨削過程分成粗磨、半精磨、精磨和光磨 4 個階段，在光磨階段，饋送量減小到零，圖 2-20 為磨削階段及饋送量變化示意圖，具體數值可根據砂材料、凸輪材料、磨削點線速度等確定。

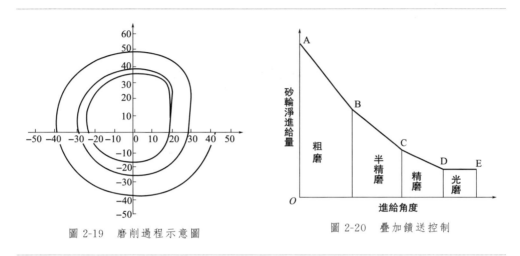

圖 2-19　磨削過程示意圖　　　　　　圖 2-20　疊加饋送控制

2.3.6　速度優化與輪廓誤差補償

　　凸輪的磨削精度是凸輪軸磨床的重要性能指標。影響凸輪輪廓精度的因素很多，但最主要的是 C 軸的旋轉角度和 X 軸的進退位置不能完全按理論值運行。磨床中的 X 軸和 C 軸運動，雖然都是由伺服馬達驅動的，但相機結構的實際運行位置和理論位置是存在一定偏差的，這個偏差在磨床中被稱為跟隨誤差（也叫做追蹤誤差）。跟隨誤差除了與伺服系統的動態響應有關外，還與運行速度和加速度密切相關，速度和加速度越大，跟隨誤差就會越大。凸輪輪廓誤差產生示意圖如圖 2-21 所示。

　　由於凸輪輪廓形狀的複雜性，兩軸的速度比和加速度比一直是週期性變化的。如果 C 軸恆速旋轉，則 X 軸以週期性的加減速運行，其跟隨誤差直接影響凸輪的輪廓精度。合理優化 C 軸轉速，使 X 軸的速度和加速度都變得平滑，有利於減小跟隨誤差，提高磨削精度，這就是磨削的速度優化。

　　另外一種提高凸輪輪廓精度的方法是輪廓補償，其主要思路是根據凸輪輪廓偏差情況，向相反的方向修正凸輪的給定形狀，使磨削加工後的凸輪形狀精度提升。

　　由於跟隨誤差對凸輪輪廓形狀影響較大，因而在磨削時，通常以「先優化，後補償」的方法進行，通過速度優化排除較大誤差，再通過補償修正細小誤差。

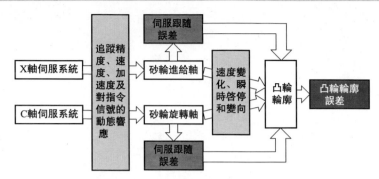

圖 2-21　凸輪輪廓誤差產生示意圖

參考文獻

[1]　龔時華，朱國力，段正澄．凸輪磨削加工 CNC 系統的關鍵技術［J］．製造業自動化，2000，22（4）：14-15.

[2]　ZHAO H, YANG J, SHEN J. Simulation of thermal behavior of a CNC machine tool spindle［J］. International Journal of Machine Tools & Manufacture, 2007, 47（6）: 1003-1010.

[3]　黃文生，毛國勇，張建生．數控凸輪磨削加工硬件與算法設計［J］．製造業自動化，2009，31（12）：37-40.

[4]　賀煒，曹巨江，楊芙蓮，等．我國凸輪機構研究的回顧與展望［J］．機械工程學報，2005，41（6）：1-6.

[5]　LO C C. CNC machine tool surface interpolator for ball-end milling of free-form surfaces［J］. International Journal of Machine Tools & Manufacture, 2000, 40（3）:

307-326.

[6]　牛永才．影響數控凸輪軸磨削加工精度的因素研究［J］．機械工程師，2014（2）：206-207.

[7]　MORI M, YAMAZAKI K, FUJISHIMA M, et al. A study on development of an open servo system for intelligent control of a CNC machine tool［J］. CIRP Annals-Manufacturing Technology, 2001, 50（1）: 247-250.

[8]　JEE S, KOREN Y. Adaptive fuzzy logic controller for feed drives of a CNC machine tool［J］. Mechatronics, 2004, 14（3）: 299-326.

[9]　林金木．高速盤式凸輪的優化和動態設計［J］．湖南大學學報（自科版），1994，21（5）：78-85.

[10]　OMIROU S L, NEARCHOU A C. A CNC

machine tool interpolator for surfaces of cross-sectional design［J］. Robotics and Computer-Integrated Manufacturing, 2007, 23 (2)：257-264.

[11] 涂險峰. 發動機凸輪升程實測數據的數值處理[J]. 汽車科技, 1993 (6)：1-11.

[12] 劉興富. 發動機凸輪升程誤差的鑒別判定和校正［J］. 宇航計測技術, 1992 (6)：21-27.

[13] 彭歡歡. 凹面凸輪軸輪廓數控高速磨削成形原理及實驗研究[D]. 湘潭：湖南科技大學, 2014.

[14] 閻培澤. 凸輪軸數控加工工藝及裝備改進[D]. 洛陽：河南科技大學, 2014.

[15] 李大衛. 基於同步滯後的凸輪磨削算法研究[D]. 長春：吉林大學, 2014.

[16] 李琳. 共軛凸輪共軛度建模及輪廓優化研究[D]. 長春：吉林大學, 2014.

[17] 柳強. 高精度鼓形漸開線凸輪加工理論與技術研究[D]. 大連：大連理工大學, 2014.

第3章

凸輪的檢測與輪廓誤差評定

3.1 凸輪輪廓測量儀結構及原理

3.1.1 凸輪測量儀的基本功能及分類

凸輪機構主要依靠其型線的運轉規律實現機構預期的控制、間歇、傳遞等機械化及自動化的要求[1]。目前，中國的凸輪輪廓檢測方式、檢測設備不盡相同。其中，檢測設備主要來源於：國外進口、中國生產以及某些廠商自行研製的檢測裝置。檢測方式主要集中在臥式、立式以及平放式三種。隨著基礎零部件的製造日益精密化、智慧化，主流的共軛凸輪檢測方式是採用三座標測量機進行測量。

3.1.2 凸輪升程測量及滾輪半徑選取

現在假設 1 號滾輪測頭（半徑為 R_1）是滿足設計要求的測頭，當改用不同型號的 2 號滾輪測頭（半徑為 R_2）對相同的待測凸輪進行測量時，主要分為兩種情況進行研究，即：①$R_1 < R_2$；②$R_1 > R_2$。

（1）滾輪測頭半徑大於理想測頭半徑（$R_1 < R_2$）

1 號理想測頭與實際測量中採用的 2 號測頭的位置關係如圖 3-1 所示。P 點為某一時刻的檢測點，此時 2 號滾輪測頭與凸輪在此點相切，依據測頭折算檢測點不變的原則，1 號滾輪測頭也在此點與凸輪相切，故 B_1、B_2、P 點三點在一條直線上。已知 B_1 是理想測頭的圓心，B_2 是實際測頭的圓心，2 號滾輪測頭中心的轉角為 δ_2，其中凸輪從動件升程為 S_2，1 號滾輪測頭轉角 δ_1，對應實際升程為 S_1。

凸輪機構的速度瞬心必定位於過接觸點的公法線上，所以，延長公法線 B_2 P，過 O 點作 OM 垂直與 OB_2，交點為 M，即為該凸輪機構相對的瞬心，則 $OM = \dfrac{\mathrm{d}S_2}{\mathrm{d}\delta_2}$。在 $\triangle OB_1C$ 中，過 B_1 作 B_1C 垂直與 OB_2，此時，令 $\angle OB_2M = \alpha$，

則 $tan\alpha = \dfrac{\dfrac{\mathrm{d}S_2}{\mathrm{d}\delta_2}}{R_b + S_2}$，進而，

$$\tan\theta = \frac{B_1 C}{OC} = \frac{(R_2 - R_1)\sin\alpha}{B_2 O - (R_2 - R_1)\cos\alpha} \tag{3-1}$$

式中　R_1——1 號滾輪測頭半徑，mm；

　　　R_2——2 號滾輪測頭半徑，mm；

　　　α——$\angle OB_2 M$ 的度數，(°)；

　　　θ——$\angle CAB_1$ 的度數，(°)。

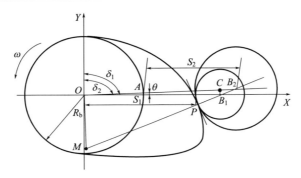

圖 3-1　$R_1 < R_2$

那麼，1 號滾輪測頭的轉角 δ_1：

$$\delta_1 = \delta_2 + \theta = \delta_2 + \arctan\left(\frac{(R_2 - R_1)\sin\left[\arctan\left(\dfrac{\dfrac{\mathrm{d}S_2}{\mathrm{d}\delta_2}}{R_b + S_2}\right)\right]}{R_b + S_2 - (R_2 - R_1)\cos\left[\arctan\left(\dfrac{\dfrac{\mathrm{d}S_2}{\mathrm{d}\delta_2}}{R_b + S_2}\right)\right]}\right) \tag{3-2}$$

式中　δ_1——1 號滾輪測頭轉角，(°)；

　　　δ_2——2 號滾輪測頭轉角，(°)；

　　　R_b——凸輪從動件半徑，mm；

　　　S_2——凸輪從動件升程，mm。

在 $\triangle OB_1 C$ 中，由勾股定理可知：

$$OB_1 = \{[R_b + S_2 - (R_2 - R_1)\cos\alpha]^2 + [(R_2 - R_1)\sin\alpha]^2\}^{\frac{1}{2}}$$

那麼，1 號滾輪測頭的升程為：

$$S_1 = OB_1 - R_b$$

$$= \{[R_b + S_2 - (R_2 - R_1)\cos\alpha]^2 + [(R_2 - R_1)\sin\alpha]^2\}^{\frac{1}{2}} - R_b$$

$$(3-3)$$

(2) 滾輪測頭的半徑小於理想測頭半徑($R_1 > R_2$)

對於實際滾輪測頭半徑小於理想滾輪測頭半徑的情況，滾輪測頭、凸輪位置關係如圖 3-2 所示，原理同上，1 號滾輪測頭的轉角 δ_1：

$$\delta_1 = \delta_2 + \theta = \delta_2 + \arctan\left(\frac{(R_2 - R_1)\sin\left[\arctan\left(\frac{\dfrac{dS_2}{d\delta_2}}{R_b + S_2}\right)\right]}{R_b + S_2 - (R_2 - R_1)\cos\left[\arctan\left(\frac{\dfrac{dS_2}{d\delta_2}}{R_b + S_2}\right)\right]}\right) \quad (3-4)$$

1 號滾輪測頭的升程為 S_1：

$$S_1 = OB_1 - R_b = \sqrt{[R_b + S_2 - (R_2 - R_1)\cos\alpha]^2 + [(R_2 - R_1)\sin\alpha]^2} - R_b$$

$$(3-5)$$

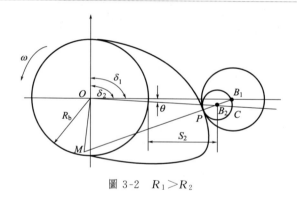

圖 3-2　$R_1 > R_2$

綜合上述兩種情況，不同型號的滾輪測頭的折算如下所示。

① 轉角的轉換為：

$$\delta_1 = \delta_2 + \lambda\theta = \delta_2 + \lambda\,\arctan\left(\frac{(R_2 - R_1)\sin\left[\arctan\left(\frac{\dfrac{dS_2}{d\delta_2}}{R_b + S_2}\right)\right]}{R_b + S_2 - (R_2 - R_1)\cos\left[\arctan\left(\frac{\dfrac{dS_2}{d\delta_2}}{R_b + S_2}\right)\right]}\right)$$

$$(3-6)$$

其中，當 $R_1 < R_2$ 時，$\lambda = 1$；當 $R_1 > R_2$ 時，$\lambda = -1$。

② 升程的轉換為：

$$S_1 = OB_1 - R_b = \{[R_b + S_2 - (R_2 - R_1)\cos\alpha]^2 + [(R_2 - R_1)\sin\alpha]^2\}^{\frac{1}{2}} - R_b$$

$$(3-7)$$

3.1.3 共軛凸輪共軛度測量

共軛度指的是共軛凸輪機構滾輪從動件的兩滾輪之間中心距離變化程度，對共軛度進行模型搭建後，使得主、副凸輪之間的配合情況以量化的形式呈現，可以很方便地評價共軛凸輪機構的優劣。共軛凸輪共軛度建模主要步驟如下。

（1）共軛凸輪實際輪廓曲線的擬合

首先，共軛凸輪檢測裝置測量共軛凸輪（主凸輪、副凸輪）輪廓，得到主、副凸輪輪廓的升程表數據。其次，根據反轉法原理及之前搭建的共軛凸輪檢測模型將升程表數據轉化為共軛凸輪的實際輪廓線數據。最後，通過三次雲規函數等方法對凸輪實際輪廓數據進行插值擬合等處理。

（2）對分搜尋確定主、副輪從動件的對應位置

採用三座標測量機或是一般凸輪檢測設備檢測共軛凸輪的輪廓時，通常的做法是分別檢測兩片凸輪各自的輪廓升程表數據，由此，在進行共軛凸輪嚙合誤差分析的過程中就面臨這樣一個問題：採集得到的主、副凸輪輪廓上的數據並非根據共軛凸輪的共軛性一一對應。因此，分析共軛度問題之前首先要搜尋出共軛凸輪主、副凸輪輪廓上相對應的點。根據「對分法」原理以及之前擬合處理得到的主、副凸輪輪廓連續曲線，綜合共軛凸輪的機構尺寸（擺桿長、中心距、滾輪半徑），首先搜尋出主凸輪滾輪擺動從動件的位置，然後按照主副凸輪輪廓點一一對應的原則，搜尋得到副凸輪滾輪副擺動從動件的位置。

（3）建立共軛度模型

搜尋並完成主、副凸輪檢測數據在共軛凸輪幾何結構中對應的數據定位後，根據其直角座標以及共軛凸輪機構的名義尺寸，包括擺桿長、中心距以及滾輪半徑建立共軛度的模型。

假設共軛凸輪機構設計時的理論共軛凸輪主、副凸輪對應的滾輪中心的距離為 L_{AB}。根據先前的數據處理，如圖 3-3 所示，共軛凸輪機構主凸輪擺動從動件的圓心為 A 點，對應的極座標為 (θ_A, ρ_A)，副凸輪擺動從動件的圓心為 B 點，對應的極座標為 (θ_B, ρ_B)。在三角形 $\triangle AOB$ 中，$\angle AOB = \theta_A - \theta_B$，令 $\beta = \angle AOB$，根據共軛凸輪主、副凸輪之間的幾何關係，共軛凸輪主、副凸輪對應的滾輪中心的距離 $L_{AB'} = (\rho_{OA}^2 + \rho_{OB}^2 - 2\rho_{OA}\rho_{OB}\cos\beta)^{\frac{1}{2}}$，通過與共軛凸輪主、副凸輪對應的滾輪中心的距離 L_{AB} 比較，得到共軛凸輪共軛度模型：

$$\partial = \frac{L_{AB} - L_{AB\cdot}}{L_{AB\cdot}} \qquad (3\text{-}8)$$

式中　∂——共軛度；

　　L_{AB}——理論共軛凸輪主、副凸輪對應的滾輪中心的距離，mm；

　　$L_{AB\cdot}$——計算得到共軛凸輪主、副凸輪對應的滾輪中心的距離，mm。

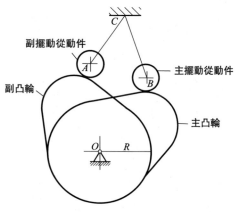

圖 3-3　共軛凸輪機構

　　採用自製檢測裝置採集數據時，往往還存在一個問題：千分表檢測的滾輪中心距離的變化與實際滾輪中心距離存在一定的比例關係。因此，設計檢測裝置時，滾輪中心距與千分表示數要存在一定的比例，共軛度模型還應考慮比例因子。綜合檢測裝置的設計要求，設比例因子為 ω，故共軛度模型為：

$$\partial = \frac{L_{AB}\omega - L_{AB\cdot}}{L_{AB\cdot}} \qquad (3\text{-}9)$$

　　除了共軛度的變化可以衡量共軛凸輪機構兩凸輪配合情況外，兩擺臂之間夾角的變化也可以為此提供參考，兩擺臂之間夾角：

$$\eta = \arccos \frac{L_1^2 + L_2^2 - L_{AB}^2}{2L_1 L_2}$$

$$\eta = \arccos \frac{L_1^2 + L_2^2 - \left(\dfrac{(1+\partial)L_{AB\cdot}}{\omega}\right)^2}{2L_1 L_2} \qquad (3\text{-}10)$$

式中　L_1——擺桿 1 的長度，圖 3-3 中的 CA，mm；

　　L_2——擺桿 2 的長度，圖 3-3 中的 CB，mm；

　　η——兩擺臂之間的夾角，(°)。

3.1.4　典型凸輪測量儀簡介

　　中國使用的凸輪測量儀主要以廣州、佛山、深圳等地的一些精密機械加工廠生產的為主。圖 3-4 所示為廣州威而信精密儀器有限公司在 2000 年研發、2005 年推出的 L-1000 型凸輪測量儀。

　　該儀器可以對任意型號、任意形狀的盤形凸輪進行測量，測量數據傳送給電腦並由與該測量系統配套的軟體進行處理，最終得出評定結果。該測量儀器是中國較早生產研發出來的精密測量儀器。在許多工廠，L-1000 型凸輪測量儀被廣泛應用。因市場需要，在 L-1000 型凸輪測量儀的基礎上，廣州威而信精密儀器有限公司先後推出了 L-2000 型凸輪測量儀（如圖 3-5 所示）和 L-3000 型凸輪測量儀（如圖 3-6所示）。

圖 3-4　L-1000 型凸輪測量儀

　　L-2000 型測量儀可以實現多組凸輪同步測量的功能。測量儀的測量工具也選用了精度較高的光柵尺。在外形上相比於 L-1000 型測量儀也有了明顯的改善，只是在對數據進行處理時還是基於最原始的機械誤差處理方法，凸輪相位的求取準確性沒有得到明顯的提高。

圖 3-5　L-2000 型凸輪測量儀

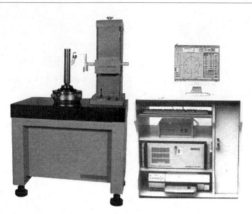

圖 3-6　L-3000 型凸輪測量儀

L-3000 型凸輪測量儀不但可以實現多組凸輪同時測量的功能，還改進了測量工藝，可以對更高端的筒形凸輪進行測量。而且加了人機交換介面，使測量更加智慧化和人性化，但對凸輪相位等參數的求解方法還是原始的機械誤差處理方法。

3.2　凸輪輪廓誤差及特徵參數計算

3.2.1　凸輪的相位誤差與輪廓誤差

由於測量凸輪時的起點和理論輪廓數據的起點不同，測量輪廓曲線和理論輪廓曲線之間存在一個相位差[2]。假設凸輪的測量輪廓曲線向右循環平移 ω_0 後與理論輪廓曲線完全重合[3]。平移的 $\theta = \omega_0$ 就是凸輪的測量曲線與理論輪廓曲線的相位差。由於理論升程曲線是以零度作為角度起點的，一般地，規定理論升程曲線的相位為零，實際輪廓升程曲線與理論輪廓曲線的相位差簡稱凸輪的相位。在實際應用中，如圖 3-7 和圖 3-8 所示，將測量好的輪廓曲線和已知的理論輪廓曲線繪製成兩個同心的凸輪輪廓。將測量輪廓逆時針旋轉 $\theta = \omega_0$ 後，其與理論輪廓的升程誤差的方差最小，即重合度最好。得出相位是準確得出升程誤差的前提。相位的準確性影響著凸輪的理論輪廓曲線和測量輪廓曲線的「對準度」。相位不同，得出的升程誤差也不同。一般地，相位越準確，所求升程的方差在一定範圍內越小。

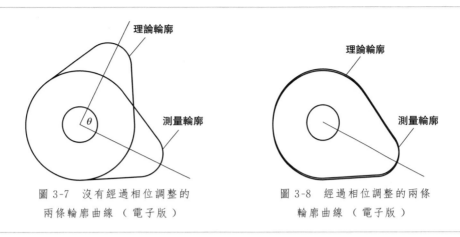

圖 3-7　沒有經過相位調整的
兩條輪廓曲線（電子版）

圖 3-8　經過相位調整的兩條
輪廓曲線（電子版）

　　在實際凸輪磨削過程中，凸輪輪廓的形成依靠的是砂輪饋送軸（X 軸）和凸輪旋轉軸（C 軸）的聯動，在升程斜率較大的情況下，若速度和加速度依然大，就會造成兩個軸的滯後「量」不同，導致兩軸不能同步，最後影響輪廓精度。砂輪架慣性和質量都很大，所以在凸輪軸轉速過大時，與之對應的砂輪饋送速度和加速度也會隨之增大，並可能超過機床最大的允許範圍。圖 3-9 為凸輪輪廓誤差示意圖。

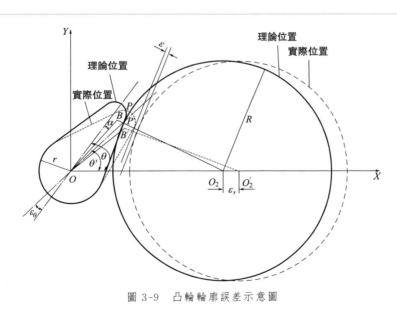

圖 3-9　凸輪輪廓誤差示意圖

　　由圖 3-9 可看出，在凸輪磨削過程中，C 軸和 X 軸有不等比例的伺服追蹤誤差，因此也就造成了最後的輪廓誤差 ε[4]。其中，O 是凸輪基圓圓心，r 是基圓

半徑；O_2 是砂輪的理論圓心，O'_2 是砂輪的實際圓心，R 是砂輪半徑；P 是理論磨削點，B 是理論磨削點的中心；P' 是實際磨削點，B' 是對應的實際磨削點的中心；θ 是凸輪的理論旋轉角，θ' 是凸輪的實際旋轉角；α 是磨削點中心的轉角；ε_θ 是凸輪旋轉角的追蹤誤差，ε_r 是砂輪饋送軸的追蹤誤差。

由圖 3-9 可得出以下幾何關係：

$$\varepsilon = B'O'_2 - B'P' - R = B'O'_2 - BP - R \tag{3-11}$$

由三角形 $\triangle OB'O'_2$ 的餘弦定理得出：

$$
\begin{aligned}
B'O'_2 &= \sqrt{OB'^2 + OO'^2_2 - 2OB'\,OO'_2\cos\angle B'OO'_2} \\
&= \sqrt{OB^2 + (OO_2 + \varepsilon_r)^2 - 2OB(OO_2 + \varepsilon_r)\cos(\theta - \alpha - \varepsilon_\theta)} \\
&= \sqrt{OB^2 + (X + \varepsilon_r)^2 - 2OB(X + \varepsilon_r)\cos(\theta - \alpha - \varepsilon_\theta)}
\end{aligned}
\tag{3-12}
$$

這樣輪廓誤差便可得出：

$$\varepsilon = \sqrt{OB^2 + (X + \varepsilon_r)^2 - 2OB(X + \varepsilon_r)\cos(\theta - \alpha - \varepsilon_\theta)} - BP - R \tag{3-13}$$

由式（3-13）可得知，凸輪磨削運動中伺服追蹤滯後的存在造成了輪廓誤差的產生。

3.2.2　凸輪相位角的計算

（1）數據擬合法識別凸輪相位

在確定凸輪相位的過程中，需要經過大量的計算，數據擬合法介紹了一種新的確定凸輪相位的方法，雖然精確度不是很高，但計算量小，程式實現簡單直觀，適合在短時間內快速確定相位的情況。如圖 3-10 所示，通過影像測得的凸輪升程或將所測的凸輪點以直線或者曲線連接後會得到一條凸輪升程曲線[5]。將曲線分為四個區間。區間 $\xi(\xi = \xi_1 \cup \xi_2)$ 內，升程的變化基本不變，即：

$$y_k - y_{k+1} \approx 0, k \in \xi \tag{3-14}$$

在升程的數值上有：

$$y_\xi = r_{\text{base}} + o(\omega), o(\omega) \to 0 \tag{3-15}$$

式中　r_{base}——基圓的半徑，mm；

　　　　y_ξ——升程，mm。

所以區間 ξ 也稱為凸輪的基圓區間。

區間 υ 內，升程的曲線呈現單調增加，即：

$$y_{k+1} - y_k > 0, k \in \upsilon \tag{3-16}$$

在這一區間內的升程曲線：

$$y'_\upsilon > 0 \tag{3-17}$$

所以區間 υ 稱為凸輪的升程區間。

區間 κ 內，升程的曲線的數值基本不變，即：

$$y_{k+1} - y_k \approx 0, k \in \kappa \tag{3-18}$$

在這一區間內的升程：

$$y_\kappa = r_{\text{base}} + H + o(\omega), o(\omega) \to 0 \tag{3-19}$$

式中，H 為凸輪從動件的最大行程值，如圖 3-10 所示。

所以區間 η 稱為凸輪的遠休止區間。

區間 η 內，升程的曲線呈現單調減少，即：

$$y_{k+1} - y_k < 0, k \in \eta \tag{3-20}$$

在這一區間內的升程曲線：

$$y'_\eta < 0 \tag{3-21}$$

所以區間 η 稱為凸輪的回程區間。

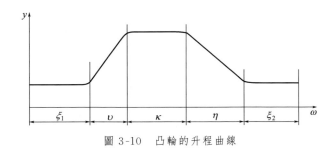

圖 3-10　凸輪的升程曲線

① 一點法數據擬合　一點法數據擬合在計算凸輪相位的過程中用法簡單，實現時間短，但是精度不夠高，在一般的低精度凸輪檢測中可以應用一點法，或為了節約時間和減少運算次數，可以用一點法確定凸輪相位的大體範圍，再通過其他高精度演算法計算凸輪的精確相位。

$$\omega'_0 \in \upsilon \text{ 或 } \omega'_0 \in \eta \tag{3-22}$$

式中　ω'_0——升程區間 υ 或者回程區間 η 內取的某一轉角，其對應的升程為 $h_0(\omega'_0)$。

在凸輪的測量曲線中找到和理論曲線所取的區間相同的區間。由於這個區間的單調性是唯一的，所以理論上存在唯一的[6] ω_0 有：

$$y_k(\omega_0) = h_0(\omega'_0) \tag{3-23}$$

但在實際得到的升程表中，不一定恰好就存在某個 ω_0 使得式(3-23)恰好成立。這樣就要通過擬合的方法找到某一點 ω_0。

如圖 3-11 所示，假設 $\omega'_0 \in \upsilon$，在縱座標上從上找到距離 $h_0(\omega'_0)$ 最近的點 (ω_{k+1}, y_{k+1}) 和從下找到距離 $h_0(\omega'_0)$ 最近的點 (ω_k, y_k)。

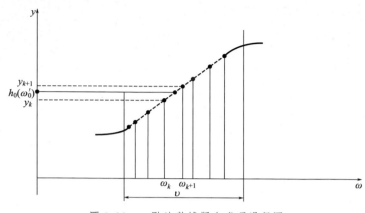

圖 3-11　一點法數據擬合處理過程圖

　　選擇這兩個點作為一次拉格朗日的插值點來得出這一區間內的拉格朗日插值曲線 $\rho(\omega)$，其中 $\omega \in [\omega_k, \omega_{k+1}]$，從而找到滿足這段曲線中 $\rho(\omega_0) = h_0(\omega_0')$ 的點 ω_0。

　　理論上由於 ω_0 和 ω_0' 都屬於各自曲線的某一單調性唯一的區間，所以 ω_0 和 ω_0' 所對應的 $y_k(\omega_0')$ 和 $h_0(\omega_0')$ 存在並且唯一存在。假設所測凸輪不存在粗大誤差，那麼 ω_0 和 ω_0' 所對應的位置應該相同，即兩個曲線都以 ω_0 和 ω_0' 作為起始位置時相位差 $\theta = 0°$。所以通過一點法數據擬合得到的凸輪相位 $\theta = \omega_0' - \omega_0$。

　　② 兩點法數據擬合　兩點法數據擬合在計算凸輪相位的過程中用法也比較簡單，實現時間短，但是精度不夠高。由於一點法數據擬合識別凸輪相位過於依賴使用插值的兩個點的精度，如果所用兩個點恰好精度不夠高或者存在粗大誤差，會對整個測量數據的處理造成不可估量的影響。為了避免誤差恰好出現在這兩個點中，在一般的低精度凸輪檢測中可以應用兩點法，或為了節約時間和減少運算次數，可以用兩點法確定凸輪相位的大體範圍，再通過其他高精度演算法計算凸輪的精確相位。

　　在凸輪的理論升程曲線中的升程區間 υ 或者回程區間 η 內取某兩個轉角 ω_0' 和 ω_1'，即：

$$\omega_0' \setminus \omega_1' \in \upsilon \bigcup \eta \tag{3-24}$$

其對應的升程為 $h(\omega_0')$ 和 $h(\omega_1')$。

　　如圖 3-12 所示，假設 $\omega_0' \setminus \omega_1' \in \upsilon$，在縱座標上從上找到距離 $h(\omega_0')$ 最近的點 (ω_{k+1}, y_{k+1}) 和從下找到距離 $h(\omega_0')$ 最近的點 (ω_k, y_k)，還要從上找到距離 $h_1(\omega_0')$ 最近的點 (ω_{i+1}, y_{i+1}) 和從下找到距離 $h(\omega_1')$ 最近的點 (ω_i, y_i)。

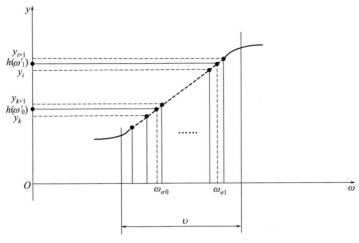

圖 3-12 兩點法數據擬合處理過程

選擇這兩對點作為一次拉格朗日的插值點來得出這一區間內的拉格朗日插值曲線 $\rho_1(\omega)$ 和 $\rho_2(\omega)$，其中 $\rho_1(\omega)$ 中 $\omega \in [\omega_k, \omega_{k+1}]$，$\rho_2(\omega)$ 中 $\omega \in [\omega_i, \omega_{i+1}]$，從而找到滿足這兩段插值曲線中 $\rho_1(\omega_{\sigma 0}) = h(\omega'_0)$、$\rho_2(\omega_{\sigma 1}) = h(\omega'_1)$ 的點 $\omega_{\sigma 0}$ 和 $\omega_{\sigma 1}$。

理論上由於 $\omega_{\sigma 0}$ 和 ω'_0，$\omega_{\sigma 1}$ 和 ω'_1 都屬於各自曲線的某一單調性唯一的區間，所以 $\omega_{\sigma 0}$ 和 ω'_0 所對應的 $y_k(\omega_{\sigma 0})$ 和 $h(\omega'_0)$，$\omega_{\sigma 1}$ 和 ω'_1 所對應的 $y_i(\omega_{\sigma 0})$ 和 $h(\omega'_1)$ 存在並且唯一存在。假設所測凸輪不存在粗大誤差，那麼 $\omega_{\sigma 0}$ 與 ω'_0 和 $\omega_{\sigma 1}$ 與 ω'_1 所對應的位置應該相同，即兩個曲線都以 $\omega_{\sigma 0}$ 和 ω'_0 或 $\omega_{\sigma 1}$ 和 ω'_1 作為起始位置時相位差 $\theta = 0°$。

但是由於升程誤差的存在，不一定有式(3-25) 存在：

$$\omega'_1 - \omega'_0 = \omega_{\sigma 1} - \omega_{\sigma 0} \tag{3-25}$$

式中　$\omega_{\sigma 0}$，$\omega_{\sigma 1}$——滿足這兩段插值曲線中 $\rho_1(\omega_{\sigma 0}) = h(\omega'_0)$，$\rho_2(\omega_{\sigma 1}) = h(\omega'_1)$ 的點。

所以只能將 $\omega_{\sigma 0}$ 和 $\omega_{\sigma 1}$ 平移某一角度 θ，使得平移後的式(3-26) 取得最小值：

$$(\omega_{\sigma 0} + \theta - \omega'_0)^2 + (\omega_{\sigma 1} + \theta - \omega'_1)^2 \tag{3-26}$$

當 $\omega_{\sigma 0} + \theta < 360°$ 且 $\omega_{\sigma 1} + \theta < 360°$ 時，式(3-26) 整理成式(3-27)：

$$f(\theta) = 2\theta^2 - 2\theta(\omega_{\sigma 0} + \omega_{\sigma 1} - \omega'_0 - \omega'_1) + \\ \omega'^2_0 + \omega'^2_1 + \omega^2_{\sigma 0} + \omega^2_{\sigma 1} - 2(\omega'_0 \omega_{\sigma 0} + \omega_{\sigma 1} \omega'_1) \tag{3-27}$$

即：

$$\frac{\mathrm{d}f}{\mathrm{d}\theta} = 4\theta - 2(\omega_{\sigma 0} + \omega_{\sigma 1} - \omega_0' - \omega_1') \tag{3-28}$$

當 $\dfrac{\mathrm{d}f}{\mathrm{d}\theta} = 0$ 時有：

$$\theta = \frac{1}{2}(\omega_{\sigma 0} + \omega_{\sigma 1} - \omega_0' - \omega_1') \tag{3-29}$$

式中　θ——凸輪相位，(°)。

所以滿足式(3-29) 成立時，式(3-27) 可取到最小值。此時所求 θ 就為凸輪的相位。

③ 多點法數據擬合　多點法數據擬合在計算凸輪相位的過程中的用法比一點法和二點法更為複雜，實現時選擇的點數越多，計算相位所需時間越長，在點的選擇上最多可以選擇升程和回程上的所有點。精度較高，點的利用率也較高。一點法與兩點法數據擬合過於依賴選用插值的點的精度，多點法有效地避免了這一問題。所選的點數越多，所選點中粗大誤差的出現率就越低[7]。

$$\omega_0', \omega_1', \omega_2', \cdots, \omega_{N-1}' \in \upsilon \bigcup \eta \tag{3-30}$$

式中　$\omega_0', \omega_1', \omega_2', \cdots, \omega_{N-1}'$——在凸輪的理論升程曲線中的升程區間 υ 或者回程區間 η 內取的 N 個轉角。其對應的升程為 $h(\omega_0')$，$h(\omega_1')$，$h(\omega_2')$，$\cdots$，$h(\omega_{N-1}')$。

如圖 3-13 所示，假設 $\omega_0', \omega_1', \omega_2', \cdots, \omega_{N-1}' \in \upsilon$，在縱座標上從上找到距離 $h(\omega_0')$ 最近的點 $(\omega_{k_0+1}, y_{k_0+1})$ 和從下找到距離 $h(\omega_0')$ 最近的點 (ω_{k_0}, y_{k_0})，從上找到距離 $h(\omega_1')$ 最近的點 $(\omega_{k_1+1}, y_{k_1+1})$ 和從下找到距離 $h(\omega_1')$ 最近的點 (ω_{k_1}, y_{k_1})，以此類推，最後從上找到距離 $h(\omega_{N-1}')$ 最近的點 $(\omega_{k_{N-1}+1}, y_{k_{N-1}+1})$ 和從下找到距離 $h(\omega_{N-1}')$ 最近的點 $(\omega_{k_{N-1}}, y_{k_{N-1}})$。在進行點的選取中，每個點的選取次數不僅限於一次，假設在凸輪輪廓測量時由於轉速過快，在某 1°的區間內只進行了一次測量，那麼這一次測量所得到的測量點既是它前面一整度的下距離最近點，也是它後面一整度點的上距離最近點。如果在某 1°的區間內沒有進行測量，那麼下一整度區間內的第一個測量點既是它前一整度的上距離最近點，也是前前一整度的上距離最近點。

選擇這 N 對點作為一次拉格朗日的插值點來得出這一區間內的拉格朗日插值曲線 $\rho_0(\omega), \rho_1(\omega), \cdots, \rho_{N-1}(\omega)$，其中 $\rho_0(\omega)$ 中 $\omega \in [\omega_{k_0}, \omega_{k_0+1}]$，$\rho_1(\omega)$ 中 $\omega \in [\omega_{k_1}, \omega_{k_1+1}]$，以此類推，最後一個插值函數 $\rho_{N-1}(\omega)$ 中 $\omega \in [\omega_{k_{N-1}}, \omega_{k_{N-1}+1}]$。

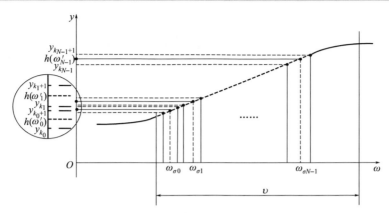

圖 3-13　多點法數據擬合處理過程（電子版）

$\rho_0(\omega)$ 中計算出 $\omega_{\sigma 0}$，其中 $\omega_{\sigma 0}$ 滿足 $\omega_{\sigma 0} \in [\omega_{k_0}, \omega_{k_0+1}]$ 與 $\rho_0(\omega_{\sigma 0}) = h(\omega'_0)$，$\rho_1(\omega)$ 中計算出 $\omega_{\sigma 1}$，其中 $\omega_{\sigma 0}$ 滿足 $\omega_{\sigma 1} \in [\omega_{k_1}, \omega_{k_1+1}]$ 與 $\rho_1(\omega_{\sigma 1}) = h(\omega'_1)$，以此類推，最後在 $\rho_{N-1}(\omega)$ 中計算出 $\omega_{\sigma N-1}$，其中 $\omega_{\sigma N-1}$ 滿足 $\omega_{\sigma N-1} \in [\omega_{k_{N-1}}, \omega_{k_{N-1}+1}]$ 與 $\rho_{N-1}(\omega_{\sigma N-1}) = h(\omega'_{N-1})$。

理論上由於 $\omega_{\sigma 0}$ 和 ω'_0，$\omega_{\sigma 1}$ 和 ω'_1，$\cdots$，$\omega_{\sigma N-1}$ 和 ω'_{N-1} 都屬於各自曲線的某一單調性唯一的區間，所以 $\omega_{\sigma 0}$ 和 ω'_0 所對應的 $\rho_0(\omega_{\sigma 0})$ 和 $h(\omega'_0)$，$\omega_{\sigma 1}$ 和 ω'_1 所對應的 $\rho_1(\omega_{\sigma 1})$ 和 $h(\omega'_1)$，$\cdots$，$\omega_{\sigma N-1}$ 和 ω'_{N-1} 所對應的 $\rho_{N-1}(\omega_{\sigma N-1})$ 和 $h(\omega'_{N-1})$ 存在並且唯一存在。假設所測凸輪不存在粗大誤差，那麼 $\omega_{\sigma 0}$ 與 ω'_0，$\omega_{\sigma 1}$ 與 ω'_1，$\cdots$，$\omega_{\sigma N-1}$ 與 ω'_{N-1} 所對應的位置應該相同，即兩個曲線都以 $\omega_{\sigma 0}$ 和 ω'_0，$\omega_{\sigma 1}$ 和 ω'_1，$\cdots$，$\omega_{\sigma N-1}$ 和 ω'_{N-1} 作為起始位置時相位差 $\theta = 0°$。

但是由於升程誤差的存在，不一定有式（3-31）存在：

$$\omega'_i - \omega'_j = \omega_{\sigma i} - \omega_{\sigma j} \tag{3-31}$$

式中，$i, j = 0, 1, 2, \cdots, N-1$。只能將 $\omega_{\sigma 0}, \omega_{\sigma 1}, \omega_{\sigma 2}, \cdots, \omega_{\sigma N-1}$ 平移某一角度 θ，使得平移後式（3-32）取得最小值。

$$(\omega_{\sigma 0} + \theta - \omega'_0)^2 + (\omega_{\sigma 1} + \theta - \omega'_1)^2 + (\omega_{\sigma 2} + \theta - \omega'_2)^2 + \cdots + (\omega_{N-1} + \theta - \omega'_{N-1})^2 \tag{3-32}$$

當 $\omega_i + \theta < 360°$，$i = 0, 1, 2, \cdots, N-1$ 時，式（3-31）整理成：

$$f(\theta) = 2\theta^2 - 2\theta[(\omega_{\sigma 0} + \omega_{\sigma 1} + \cdots + \omega_{\sigma N-1}) - (\omega'_0 + \omega'_1 + \cdots + \omega'_{N-1})] +$$
$$[(\omega'^2_0 + \omega'^2_1 + \cdots + \omega'^2_{N-1}) + (\omega^2_{\sigma 0} + \omega^2_{\sigma 1} + \cdots + \omega^2_{N-1})] -$$
$$2(\omega'_0 \omega_{\sigma 0} + \omega_{\sigma 1} \omega'_1 + \cdots + \omega_{\sigma N-1} \omega'_{N-1})$$
$$= 2\theta^2 - 2\theta \sum_0^{N-1} (\omega_{\sigma i} - \omega'_i) + \sum_0^{N-1} (\omega'^2_i + \omega^2_{\sigma i} - 2\omega'_i \omega_{\sigma i})$$
$$= 2\theta^2 - 2\theta \sum_0^{N-1} (\omega_{\sigma i} - \omega'_i) + \sum_0^{N-1} (\omega_{\sigma i} - \omega'_i)^2$$

$$(3\text{-}33)$$

即：

$$\frac{\mathrm{d}f}{\mathrm{d}\theta} = 4\theta - 2 \sum_0^{N-1} (\omega_{\sigma i} - \omega'_i) \tag{3-34}$$

當 $\dfrac{\mathrm{d}f}{\mathrm{d}\theta} = 0$ 時有：

$$\theta = \frac{1}{2} \sum_0^{N-1} (\omega_{\sigma i} - \omega'_i) \tag{3-35}$$

式中　ω'_i──在凸輪的理論升程曲線中的升程區間 υ 或者回程區間 η 內取的 N 個轉角；

　　　θ──凸輪相位，(°)。

所以滿足式(3-35)成立時式(3-33)可取到最小值。此時所求 θ 就為凸輪的相位。

(2) 離散信號處理法識別凸輪相位

離散信號處理法與數據擬合法識別凸輪相位的不同之處在於離散信號處理法多適用於高精度多數據的凸輪檢測系統，數據擬合法在使用時數據點數是確定的，所以測量數據的點數越多，測量點的利用率就越低，出現粗大誤差的可能性就越高。所以在測量數據較多的凸輪測量系統中數據擬合法的誤差較高。

離散信號處理法是將機械的測量點先變成連續曲線，再通過對連續曲線的採樣得到等間距序列，再通過對等間距序列的變換和處理最後得到凸輪相位的一個過程。

理論上，兩點之間的連線若是連續的，則這兩點之間的連線可能是直線，也可能是具有某一特徵的曲線，由數據擬合可以得出兩點間的擬合曲線，並且這一曲線可以最大限度地接近兩點之間的真實曲線。由於凸輪的測量結果是很多個點，那麼將相鄰的兩個點通過某種插值運算，就可以得到這兩個點的插值函數，

如圖 3-14所示。n 個測量點一共得到了 n 段插值函數，即凸輪的升程曲線就由這 n 段插值函數組成：

$$y(\omega)=\rho_k(\omega),\omega\in[\omega_k,\omega_{k+1}]\tag{3-36}$$

式中　ω——凸輪偏角，(°)；

　　$y(\omega)$——此角度下的凸輪升程，mm。

　　如果測量系統是影像測量系統，那麼得到的結果直接就是升程曲線，但影像測量儀的造價相當高，一般很少使用。

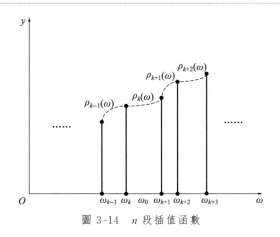

圖 3-14　n 段插值函數

　　圖 3-15 和圖 3-16 分別為盤形凸輪的理論輪廓曲線 $h_a(\omega)$ 和測量曲線 $Y_a(\omega)$。其中 ω 為凸輪偏角。對應的 $h_a(\omega)$ 和 $Y_a(\omega)$ 為此角度下凸輪的升程。$\omega\in[0°,360°]$，假設凸輪相位為 ω_0。

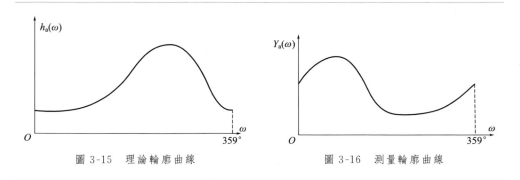

圖 3-15　理論輪廓曲線　　　　　　圖 3-16　測量輪廓曲線

　　由於兩條曲線在橫軸和縱軸方向上都是連續的，將 $h_a(\omega)$ 當作連續信號進行等間隔採樣，得到如圖 3-17 所示的數值序列，其表達式如式(3-37) 所示。

$$h_a(\omega)_{|\omega=nT}=h_a(nT)\,,\,-\infty<n<\infty \tag{3-37}$$

式中　　ω——凸輪偏角，(°)；

　　　$h_a(\omega)$——此角度下凸輪的升程，mm；

　　　　T——採樣間隔。

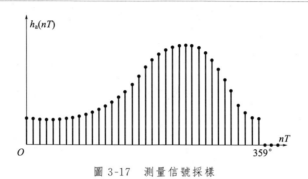

圖 3-17　測量信號採樣

採樣間隔為 T，n 取整數，對於不同的 n 值，$h_a(nT)$ 是一個有序的數位序列：$\cdots,h(-T),h(0),h(T),\cdots$。由於沒有經過量化，$h_a(nT)$ 是離散時間信號。實際信號處理中，這些數位序列按順序存放在儲存器中，nT 代表前後順序。為了簡化，採樣間隔可以不寫，形成 $h(n)$ 信號。對於具體信號，$h(n)$ 也代表第 n 個序列值。$n\in Z$，另外 $h(n)$ 在數值上等於信號的採樣值，即：

$$h(n)=h_a(nT)\,,\,-\infty<n<\infty \tag{3-38}$$

為了得到一個週期的有效序列，由 $0°\leqslant nT<360°$ 可得：

$$0°\leqslant n\leqslant\frac{360°}{T}-1=M-1 \tag{3-39}$$

令 $h^*(n)=h(n)R_M(n)$，其中 $R_M(n)=u(n)-u(n-M)$，$u(n)=\begin{cases}1,n\geqslant0\\0,n<0\end{cases}$，最終得到的信號如圖 3-18 所示。

① 離散信號差值最小方法識別凸輪相位　在理論升程曲線中，選取某一段序列作為離散信號處理的基準序列。可根據處理能力的條件來確定基準序列所含序列的多少，即如果電腦處理能力強，基準序列就可選取得足夠多，如果電腦處理能力比較弱，基準序列則可以選取得少些。因為在凸輪的升程曲線中，基圓區間 ξ 和遠休止區間 k 存在著數據擺動現象，所以在選取中不完全選用這一區間的點作為基準點。

通過插值法得到凸輪的升程曲線後，在凸輪的理論升程式列中以基圓區間 ξ 與升程區間 υ 作為基準序列的選取區間選取 k 個序列作基準序列 $\Omega(n)$，如圖 3-19所示。

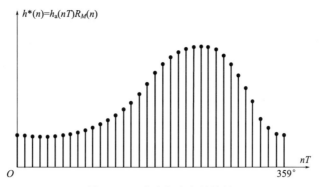

圖 3-18　測量信號處理結果

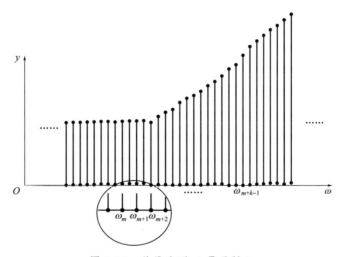

圖 3-19　基準序列（電子版）

選的基準序列有：$\Omega_0 = h_m$，$\Omega_1 = h_{m+1}$，$\Omega_2 = h_{m+2}$，$\cdots$，$\Omega_j = h_{m+j}$，$\cdots$，$\Omega_{k-1} = h_{m+k-1}$。根據所要求的相位的精度確定平移步長 μ_ω，其中 μ_ω 在數值上就等於所求相位的精度值。

如圖 3-20 所示，將基準序列和升程曲線在同一座標系中標出，並在升程曲線中計算出 $\omega_m, \omega_{m+1}, \omega_{m+2}, \cdots, \omega_{m+n-1}$ 下的實際升程值 $y(\omega_m)$，$y(\omega_{m+1})$，$y(\omega_{m+2})$，$\cdots$，$y(\omega_{m+n-1})$，並計算出方差：

$$r_0 = \sum_{i=m}^{m+n-1} \left[h(\omega_i) - y(\omega_i) \right]^2 \tag{3-40}$$

式中　$y(\omega_i)$——此角度下實際的凸輪升程值，mm；

　　　$h(\omega_i)$——選擇的基準序列，mm。

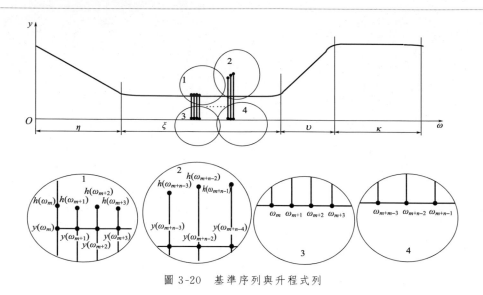

圖 3-20　基準序列與升程式列

之後將 $\omega_m, \omega_{m+1}, \omega_{m+2}, \cdots, \omega_{m+n-1}$ 集體向右平移 μ_ω，並在升程曲線中計算出 $\omega_m + \mu_\omega, \omega_{m+1} + \mu_\omega, \omega_{m+2} + \mu_\omega, \cdots, \omega_{m+n-1} + \mu_\omega$ 轉角下在凸輪升程曲線上的實際升程值 $y(\omega_m + \mu_\omega), y(\omega_{m+1} + \mu_\omega), y(\omega_{m+2} + \mu_\omega), \cdots, y(\omega_{m+n-1} + \mu_\omega)$，並計算出方差：

$$r_1 = \sum_{i=m}^{m+n-1} [h(\omega_i) - y(\omega_i + \mu_\omega)]^2 \tag{3-41}$$

以此類推，將 $\omega_m, \omega_{m+1}, \omega_{m+2}, \cdots, \omega_{m+n-1}$ 集體向右平移 $k\mu_\omega$，並在升程曲線中計算出 $\omega_m + k\mu_\omega, \omega_{m+1} + k\mu_\omega, \omega_{m+2} + k\mu_\omega, \cdots, \omega_{m+n-1} + k\mu_\omega$ 轉角下在凸輪升程曲線上的實際升程值 $y(\omega_m + k\mu_\omega), y(\omega_{m+1} + k\mu_\omega), y(\omega_{m+2} + k\mu_\omega), \cdots,$ $y(\omega_{m+n-1} + k\mu_\omega)$，如圖 3-21 所示，並計算出方差：

$$r_k = \sum_{i=m}^{m+n-1} [h(\omega_i) - y(\omega_i + k\mu_\omega)]^2 \tag{3-42}$$

最後，直到將 $\omega_m, \omega_{m+1}, \omega_{m+2}, \cdots, \omega_{m+n-1}$ 集體向右平移 $\beta\mu_\omega$，其中 $\beta = \dfrac{360°}{\mu_\omega}$，並在升程曲線中計算出 $\omega_m + \beta\mu_\omega, \omega_{m+1} + \beta\mu_\omega, \omega_{m+2} + \beta\mu_\omega, \cdots, \omega_{m+n-1} + \beta\mu_\omega$ 轉角下在凸輪升程曲線上的實際升程值 $y(\omega_m + \beta\mu_\omega), y(\omega_{m+1} + \beta\mu_\omega),$ $y(\omega_{m+2} + \beta\mu_\omega), \cdots, y(\omega_{m+n-1} + \beta\mu_\omega)$，並計算出方差：

$$r_\beta = \sum_{i=m}^{m+n-1} [h(\omega_i) - y(\omega_i + \beta\mu_\omega)]^2 \tag{3-43}$$

式中，$\beta = \dfrac{360°}{\mu_\omega}$。

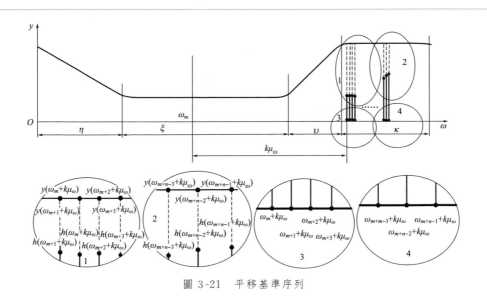

圖 3-21 平移基準序列

此時基準序列正好平移了一週並回到原始位置，完成了 1 個週期的配準計算：每平移 1 個步長就計算一次差值的平方和 r，當 r 最小時，表示基準序列與升程式列吻合度最好[8]，即輪廓識別度最高，如圖 3-22 所示。這時的平移角 $j\mu_\omega$ 就是凸輪的相位角，r 的最小值如式 3-44 所示。

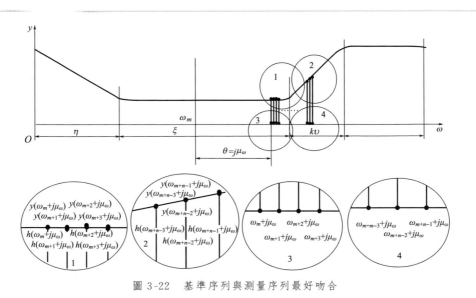

圖 3-22 基準序列與測量序列最好吻合

$$r_{\min} = r_j = \sum_{i=m}^{m+n-1} \left[h(\omega_i) - y(\omega_i + j\mu_\omega) \right]^2 \qquad (3\text{-}44)$$

② 離散時間信號處理方法識別凸輪相位　對於測量輪廓 $Y_a(\omega)$，由於在處理中需要計算卷積，為了抵消下一步中卷積的翻轉變換，取 $y_a(\omega) = Y_a(360 - \omega)$，其中 $y_a(0) = Y_a(0)$，得到圖 3-23 所示信號，取間隔 T 對其進行採樣。其中使 $y^*(n) = y_a(nT)R_M(n)$，可得圖 3-24 所示序列。

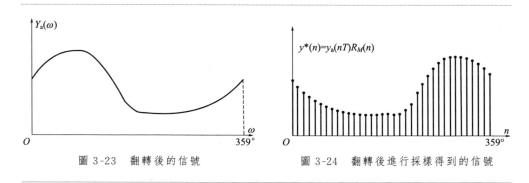

圖 3-23　翻轉後的信號　　　　圖 3-24　翻轉後進行採樣得到的信號

設離散時間信號 $r(n)$。$r(n)$ 為離散時間信號 $h^*(n)$ 和 $y^*(n)$ 的循環卷積，即：

$$r(n) = \sum_{m=0}^{M-1} h^*(m) y^*(n-m) R_M(n) \qquad (3\text{-}45)$$

上式的循環卷積過程中求和變數為 m。通過計算可得出離散時間信號 $r(n)$。當 $n = n_k$ 時可得式組 (3-46) 成立：

$$
\begin{aligned}
h_0 &= y_{n_k} + e_{n_k 0} \\
h_1 &= y_{n_k+1} + e_{n_k 1} \\
h_2 &= y_{n_k+2} + e_{n_k 2} \\
&\ \vdots \\
h_{M-n_k-1} &= y_{M-1} + e_{n_k M-n_k-1} \\
h_{M-n_k} &= y_0 + e_{n_k M-n_k} \\
h_{M-n_k+1} &= y_1 + e_{n_k M-n_k+1} \\
&\ \vdots \\
h_{M-2} &= y_{n_k-2} + e_{n_k M-2} \\
h_{M-1} &= y_{n_k-1} + e_{n_k M-1}
\end{aligned}
\qquad (3\text{-}46)
$$

此時：

$$r(n_k) = h_0 y_{n_k} + h_1 y_{n_k+1} + h_2 y_{n_k+2} + \cdots + h_{M-n_k-1} y_{M-1} + h_{M-n_k} y_0 + \cdots + h_{M-2} y_{n_k-2} + h_{M-1} y_{n_k-1}$$

$$= h_0(h_0 - e_{n_k 0}) + h_1(h_1 - e_{n_k 1}) + h_2(h_2 - e_{n_k 2}) + \cdots + h_{M-1}(h_{M-1} - e_{n_k M-1})$$

$$= y_{n_k}(y_{n_k} + e_{n_k 0}) + y_{n_k+1}(y_{n_k+1} + e_{n_k 1}) + y_{n_k+2}(y_{n_k+2} + e_{n_k 2}) + \cdots + y_{M-1}(y_{M-1} + e_{n_k M-n_k-1}) + y_0(y_0 + e_{n_k M-n_k}) + \cdots + y_{n_k-2}(y_{n_k-2} + e_{n_k M-2}) + y_{n_k-1}(y_{n_k-1} + e_{n_k M-1})$$

$$= \frac{1}{2}\left[(h_0^2 + h_1^2 + h_2^2 + \cdots + h_{M-1}^2) + (y_1^2 + y_2^2 + y_3^2 + \cdots + y_{M-1}^2) - (e_{n_k 0}^2 + e_{n_k 1}^2 + e_{n_k 2}^2 + \cdots + e_{n_k M-1}^2)\right]$$

$$= \frac{1}{2}\sum_{m=0}^{M-1}(h_m^2 + y_m^2 - e_{n_k m}^2)$$

最終可以得到：

$$r(n_k) = \frac{1}{2}\sum_{m=0}^{M-1}(h_m^2 + y_m^2) - \frac{1}{2}\sum_{m=0}^{M-1}e_{n_k m}^2 \qquad (3\text{-}47)$$

式中　$e_{n_k m}$——$n = n_k$ 時 $\omega = m$ 點的升程誤差。

由於 $\dfrac{1}{2}\displaystyle\sum_{m=0}^{M-1}(h_m^2 + y_m^2)$ 為定值 K，代入式(3-47) 有：

$$r(n_k) = \frac{1}{2}K - \frac{1}{2}\sum_{m=1}^{M-1}e_{n_k m}^2 \qquad (3\text{-}48)$$

$r(n_k)$ 值越大，$\dfrac{1}{2}\displaystyle\sum_{m=0}^{M-1}e_{n_k m}^2$ 越小，如圖 3-25 所示 n_k 也就越接近相位，盤形凸輪的升程誤差的方差就越小。其中若 $r(n_0) = \max\{r(n)\}$，有 $\theta = n_0 T$ 處理過程的具體流程圖如圖 3-26 所示，在實際處理中，為了防止 $r(n_k)$ 的數值過大，最終結果都取 $r(n_k)$ 的千分之一採樣單位，即：$\dfrac{T}{1000}r(n_k)$。

最後將 $Y_a(\omega)$ 向右平移 ω_0 後得到 $Y'_a(\omega)$，當 $\omega + \omega_0 \geqslant 360°$ 時有：

$$Y'_a(\omega) = Y_a(\omega + \omega_0 - 360°) \qquad (3\text{-}49)$$

最終得到平移後的凸輪輪廓曲線和測量曲線如圖 3-27 所示。

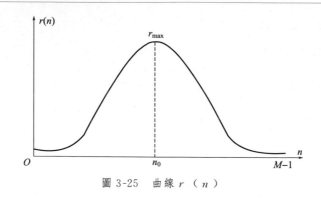

圖 3-25　曲線 r（n）

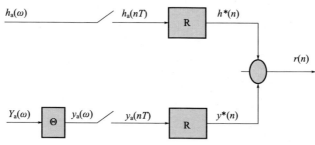

圖 3-26　離散時間信號處理過程的具體流程圖

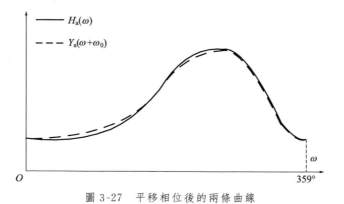

圖 3-27　平移相位後的兩條曲線

（3）局域函數曲線差方值最小法識別凸輪相位

　　局域函數曲線相似法與離散信號差值最小方法識別凸輪相位相似，都是根據電腦的處理能力，選取部分升程點所構成的曲線來和理論升程曲線進行比較處理最後得到相位。由於曲線中所含點數是無盡的，所以局域函數曲線差方值最小法識別凸輪相位有著極高的精確度，但是對電腦的要求相應也很高。

由於函數相似理論：假設有某段定義域為$[x_0-\delta,x_0+\delta]$的連續函數$f(x)$和多段與函數$f(x)$定義域相同的連續函數$g_i(x)$，其中$i=0,1,2,\cdots,n$。

$$\Phi_i = \int_{x_0-\delta}^{x_0+\delta} [f(x)-g_i(x)]^2 \mathrm{d}x \tag{3-50}$$

式中　Φ_i——函數的相似係數。

通過式(3-50)可計算出$\Phi_i,i=0,1,2,\cdots,n$。找到其中Φ_i的最小值，即：

$$\Phi_k = \min\{\Phi_i\} \tag{3-51}$$

由於函數間的相似係數與函數的相似程度成反比，因此可以得出結論：在所有函數$g_i(x)$中，與函數$f(x)$吻合度最好的即是最相似的函數是$g_k(x)$。

用極限的方法來考慮離散信號差值最小方法識別凸輪相位。假設選定凸輪的升程曲線的某一區間。如果測量工具的採樣時間為t，選取區間為$[\omega_i,\omega_j]$，則區間寬度：

$$d = \omega_j - \omega_i \tag{3-52}$$

設在選定區間的採樣點數為p，則有式(3-53)成立：

$$p = \frac{d}{t} - 1 = \frac{\omega_j - \omega_i}{t} - 1 \tag{3-53}$$

即所選離散時間信號中一共有p個序列。在理論上，凸輪的升程曲線是一平滑連續的曲線，當採樣時間t取無限小時所得序列的點數就無限多，無限多個點所組成的凸輪升程序列可以近似地看作一段曲線。這一點也從另外一個角度說明了局域函數曲線差方值最小法識別凸輪相位在理論上是可行的，這種方法就是離散信號差值最小方法識別凸輪相位的一種極限特殊情況。

如圖3-28所示，在理論升程曲線中取區間為$[\omega_m,\omega_{m+k-1}]$內的曲線作為基準曲線$\rho(\omega)$。

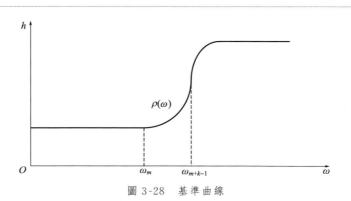

圖 3-28　基準曲線

與離散信號差值最小方法識別凸輪相位不同，在將基準曲線 $\rho(\omega)$ 與實際升程曲線比較求相似之前，為了避免曲線向右平移超出實際升程曲線的定義域，先將實際升程曲線橫向擴展一個週期，如圖 3-29 所示。

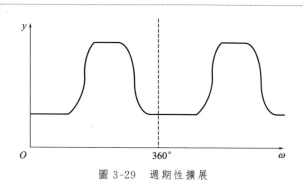

圖 3-29　週期性擴展

由於基準曲線的平移範圍是 $\mu \in [0,360]$，則擴展後對於基準曲線的最左端 ω_m 有所移動的範圍是 $[\omega_m, \omega_m + 360°]$。基準曲線的最右端 ω_{m+k-1} 的移動範圍是 $[\omega_{m+k-1}, \omega_{m+k-1} + 360°]$。由於 $\omega_{m+k-1} \in [0°, 360°]$ 則 $(\omega_{m+k-1} + 360°) \in [360°, 720°]$ 也就是說基準曲線的最右端不會平移出擴展後的理論升程曲線的範圍。

如圖 3-30 所示，在同一座標系中作出升程曲線和基準曲線，且圖 3-30 也是基準曲線取平移值 $\mu = 0$ 的兩條曲線的位置。

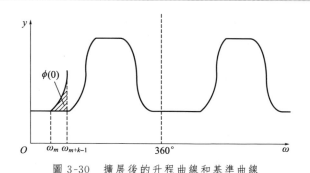

圖 3-30　擴展後的升程曲線和基準曲線

此時，沒有經過平移的基準曲線 $\rho(\omega)$ 和與基準曲線 $\rho(\omega)$ 有著相同定義域的升程曲線的一部分所圍成的面積為 $\phi(0)$，即：

$$\phi(0) = \int_{\omega_m}^{\omega_{m+k-1}} |\rho(\omega) - y(\omega)| \, d\omega \tag{3-54}$$

沒有經過平移的基準曲線和與基準曲線 $\rho(\omega)$ 有著相同定義域的升程曲線的相似係數：

$$\Phi(0) = \int_{\omega_m}^{\omega_{m+k-1}} \left[\rho(\omega) - y(\omega) \right]^2 d\omega \tag{3-55}$$

由式(3-54) 和式(3-55) 可以得出，$\phi(0)$ 與 $\Phi(0)$ 成正比關係，也就是說 $\phi(0)$ 越小 $\Phi(0)$ 也就越小。

推廣到 $\Phi(\mu)$ 所能取到的所有定義域，即在基準曲線向右平移 μ 時，如圖 3-31所示，在同一座標系中作出升程曲線和平移後的基準曲線。

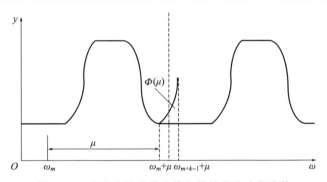

圖 3-31　平移後的基準曲線和擴展後的升程曲線

此時，平移 μ 後的基準曲線 $\rho(\omega-\mu)$ 和與平移 μ 後的基準曲線 $\rho(\omega-\mu)$ 有著相同定義域的升程曲線的一部分所圍成的面積為 $\phi(\mu)$，即：

$$\phi(\mu) = \int_{\omega_m+\mu}^{\omega_{m+k-1}+\mu} \mid \rho(\omega-\mu) - y(\omega) \mid d\omega \tag{3-56}$$

平移 μ 後的基準曲線 $\rho(\omega-\mu)$ 和與平移 μ 後的基準曲線 $\rho(\omega-\mu)$ 有著相同定義域的升程曲線的相似係數：

$$\Phi(\mu) = \int_{\omega_m+\mu}^{\omega_{m+k-1}+\mu} \left[\rho(\omega-\mu) - y(\omega) \right]^2 d\omega \tag{3-57}$$

由式(3-56) 和式(3-57) 可以得出，$\phi(\mu)$ 與 $\Phi(\mu)$ 成正比關係，也就是說 $\phi(\mu)$ 越小 $\Phi(\mu)$ 也就越小，即兩個曲線間圍成的面積越小，兩個曲線的相似係數就越小，兩個曲線就越相似。

對於相似係數函數 $\Phi(\mu)$，有 $\Phi_{\min} = \Phi(\mu_0)$，此時將平移 μ_0 後的基準曲線 $\rho(\omega-\mu_0)$ 與升程曲線在同一座標系中標出，如圖 3-32 所示。

當 $\Phi(\mu)$ 中的自變數 $\mu=\mu_0$ 時，基準函數 $\rho(\omega-\mu_0)$ 與升程曲線中與基準函數 $\rho(\omega-\mu_0)$ 有著相同定義域的一段曲線的函數相似係數最大，即兩條曲線所圍成的面積最小，如圖 3-33 所示，兩條曲線最相似，凸輪的輪廓在此時最吻合。理論上，所平移量就等於相位，即：

$$\theta = \omega_0 \hspace{6cm} (3\text{-}58)$$

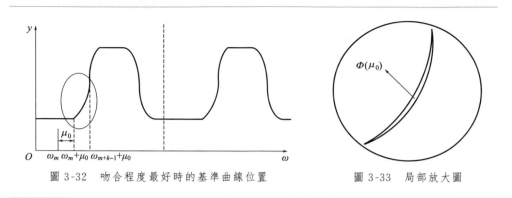

圖 3-32　吻合程度最好時的基準曲線位置　　　　圖 3-33　局部放大圖

　　局域函數曲線差方值最小法相比於識別凸輪相位的離散時間信號處理方法在處理結果上有著很大的突破。採用局域函數曲線差方值最小法可以求得精確數值，而採用離散時間信號處理方法只可以求得一個數據區間範圍。但是在計算量上，局域函數曲線差方值最小法的計算量是非常巨大的，基準曲線取得太長，計算量按指數增加。並且在計算處理時，基準曲線每平移一個小單位 $\Delta\mu$ 都要經過多次運算才能算出平移後的曲線相似係數。為了避免這一問題，操作員可通過編程來簡化計算步驟。首先通過凸輪的升程表編程得到凸輪的升程曲線（分段函數），再通過凸輪的理論升程曲線得到凸輪的理論升程函數（分段函數），然後確定基準函數 $\rho(\omega)$，之後繼續通過編程構造出函數間的相似係數函數 $\Phi(\mu)$。由於基準曲線在其定義域內是連續可導函數，擴展後的升程曲線在其定義域內也是連續可導函數。由式(3-57) 可得函數間的相似係數函數 $\Phi(\mu)$ 也是連續可導函數。由於 $\Phi_{\min} = \Phi(\mu_0)$，則 μ_0 是相似係數函數 $\Phi(\mu)$ 取得最小值的點，即：$\Phi_{\min} = \Phi(\mu_0) \Rightarrow \Phi'(\mu_0) = 0$。根據基準曲線和升程曲線的性質可以得出 μ_0 一定也是相似係數函數 $\Phi(\mu)$ 的極值點。那麼求 μ_0 的問題就轉化成了求相似係數函數 $\Phi(\mu)$ 的極值問題：先通過編程找到所有使 $\Phi'(\mu) = 0$ 的橫座標。通過式(3-55)可以得出：使得相似係數函數 $\Phi(\mu)$ 取得最小值的點的橫座標必在這些橫座標之中。之後將所有所求得的橫座標代入相似係數函數 $\Phi(\mu)$ 中，找到所得函數值最小時所取的橫座標。這一橫座標就是要求的 μ_0 即凸輪的相位。

（4）全局函數曲線識別凸輪相位

　　局域函數曲線差方值最小法識別凸輪相位的處理過程中，在理論升程曲線中選取的基準函數是整個理論升程曲線。如圖 3-34 所示將凸輪的升程曲線和理論升程曲線放在同一座標系中並對凸輪的升程曲線進行擴展。由於兩條曲線出現了交點，則兩條曲線所圍成的圖像的面積就包括兩部分，即 S_1 和 S_2。由於理論升

程曲線在圖 3-34 中並沒有經過平移，可以得出兩條曲線在理論升程曲線沒有經過平移時的面積：

$$\phi(0) = \int_{0°}^{360°} |h(\omega) - y(\omega)| \, d\omega \tag{3-59}$$

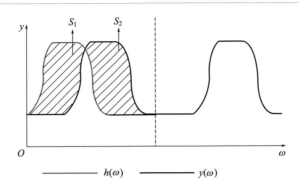

圖 3-34　凸輪升程曲線和理論升程曲線（電子版）

由於沒有經過平移的理論升程曲線和升程曲線的相似係數：

$$\Phi(0) = \int_{0°}^{360°} [h(\omega) - y(\omega)]^2 \, d\omega \tag{3-60}$$

所以由式(3-59) 和式(3-60) 可以得出，$\phi(0)$ 與 $\Phi(0)$ 成正比關係，也就是說 $\phi(0)$ 越小 $\Phi(0)$ 也就越小。

推廣到 $\Phi(\mu)$ 所能取到的所有定義域，即在理論升程曲線平移 μ 時，如圖 3-35所示，在同一座標系中作出升程曲線和理論升程曲線。

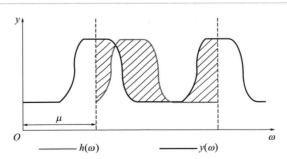

圖 3-35　平移後的理論輪廓曲線和測量輪廓曲線（電子版）

此時，平移 μ 後的理論升程曲線 $h(\omega - \mu)$ 和升程曲線 $y(\omega)$ 所圍成的面積為 $\phi(\mu)$，即：

$$\phi(\mu) = \int_{\mu}^{360°+\mu} |h(\omega - \mu) - y(\omega)| \, d\omega \tag{3-61}$$

平移 μ 後的理論升程曲線 $h(\omega-\mu)$ 和升程曲線 $y(\omega)$ 的相似係數：

$$\Phi(\mu) = \int_{\mu}^{360°+\mu} \left[y(\omega-\mu) - y(\omega) \right]^2 d\omega \tag{3-62}$$

由式（3-61）和式（3-62）可以得出，$\phi(\mu)$ 與 $\Phi(\mu)$ 成正比關係，也就是說 $\phi(\mu)$ 越小 $\Phi(\mu)$ 也就越小，即兩個曲線所圍成的面積越小，兩個曲線的相似係數就越小，兩個曲線就越相似。

對於相似係數函數 $\Phi(\mu)$，有 $\Phi_{min} = \Phi(\mu_0)$，此時將平移 μ_0 後的理論升程曲線 $h(\omega-\mu_0)$ 與升程曲線 $y(\omega)$ 在同一座標系中標出，如圖 3-36 所示。

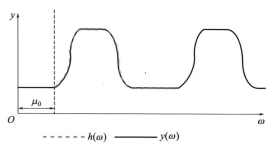

圖 3-36　吻合程度最好時的理論輪廓曲線和測量輪廓曲線 （電子版）

當 $\Phi(\mu)$ 中的自變數 $\mu=\mu_0$ 時，理論升程曲線 $h(\omega-\mu_0)$ 與升程曲線中的函數相似係數最大，即兩條曲線所圍成的面積最小，如圖 3-36 所示，兩條曲線最相似，凸輪的輪廓在此時最吻合。理論上，所平移量就等於相位，即：

$$\theta = \mu_0 \tag{3-63}$$

式中　θ——相位值，（°）；

　　　μ_0——平移量。

全局函數曲線識別凸輪相位的計算量是非常龐大的，但是計算結果極其精確，而且全局函數曲線識別凸輪相位同樣適用於較大誤差的凸輪中。理論升程曲線每平移一個小單位 $\Delta\mu$ 都要經過多次運算才能算出平移後的曲線相似係數。為了避免這一問題，操作員也可通過編程來簡化計算步驟，和局域函數曲線差方值最小法識別凸輪相位相似。首先通過凸輪的升程表編程得到凸輪的升程曲線（分段函數），再通過凸輪的理論升程曲線得到凸輪的理論升程函數（分段函數），然後繼續通過編程構造出函數間的相似係數函數 $\Phi(\mu)$。由於理論升程曲線是一連續可導函數。擴展後的升程曲線在其定義域內也是連續可導函數。由式（3-62）可得函數間的相似係數函數 $\Phi(\mu)$ 也是連續可導函數。由於 $\Phi_{min} = \Phi(\mu_0)$，則 μ_0 是相似係數函數 $\Phi(\mu)$ 取得最小值的點，即：$\Phi_{min} = \Phi(\mu_0) \Rightarrow \Phi'(\mu_0) = 0$。根據理論升程曲線和升程曲線的性質可以得出 μ_0 一定也是相似係數函數 $\Phi(\mu)$ 的極值

點。那麼求 μ_0 的問題就轉化成了求相似係數函數 $\Phi(\mu)$ 的極值問題：先通過編程找到所有使 $\Phi'(\mu)=0$ 的所有橫座標。通過式(3-60) 可以得出：使得相似係數函數 $\Phi(\mu)$ 取得最小值的點的橫座標必在這些橫座標之中。之後將所有所求得的橫座標代入相似係數函數 $\Phi(\mu)$ 中，找到所得函數值最小時所取的橫座標。這一橫座標就是要求的 μ_0 即凸輪的相位。

（5）函數曲線相關法識別凸輪相位

在信號學中，比較某信號與另一延時 τ 的信號之間的相似程度，需要引入相關函數的概念。相關函數是鑑別信號的有力工具，被廣泛用於雷達回波的識別、通訊同步信號的識別等。在凸輪輪廓曲線的識別問題中函數曲線相關的方法也適用。由曲線相關的定義可知：假設兩個函數曲線 $H_a(\omega)$ 和 $Y_a(\omega)$ 如圖 3-37 所示。

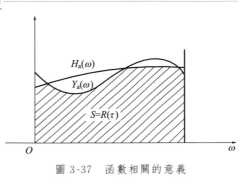

圖 3-37　函數相關的意義

$$S = R(\tau) = \int_{-\infty}^{+\infty} H_a(\omega) Y_a(\omega) \mathrm{d}\omega = \int_{-\infty}^{+\infty} H_a(\omega) Y_a(\omega - \tau) \mathrm{d}\omega \qquad (3\text{-}64)$$

式中　　　　S——圖 3-37 中陰影部分的面積，即兩個曲線距離橫軸最近的曲線與橫軸所圍成的面積，積值也稱為相關係數，mm^2；

$H_a(\omega), Y_a(\omega)$——在某角度下的函數值，mm；

ω——轉角，$(°)$。

當 $R_{\max}=R(\tau_0)$ 時，$H_a(\omega+\tau_0)$ 和 $Y_a(\omega)$ 相似程度最好 $[H_a(\omega)$ 與 $Y_a(\omega-\tau_0)$ 相似程度最好]。此時 $\omega_0=\tau_0$，即：

$$\frac{\partial R(\tau)}{\partial \tau} = \Gamma(\tau) \quad \Gamma(\tau_0)=0 \qquad (3\text{-}65)$$

當 $\omega_0=\tau_0$ 有：

$$R_{\max} = R(\tau_0) = \int_{-\infty}^{+\infty} H_a(\omega+\tau_0) Y_a(\omega) \mathrm{d}\omega = \int_{-\infty}^{+\infty} H_a(\omega) Y_a(\omega-\tau_0) \mathrm{d}\omega$$

$$(3\text{-}66)$$

為了簡便求解：

$$\Gamma(\tau) = \frac{\partial R(\tau)}{\partial \tau} = \frac{\partial}{\partial \tau} \int_{-\infty}^{+\infty} H_a(\omega+\tau) Y_a(\omega) \mathrm{d}\omega$$

$$= \int_{-\infty}^{+\infty} Y_a(\omega) \frac{\partial}{\partial \tau} H_a(\omega+\tau) \mathrm{d}\omega = \int_{-\infty}^{+\infty} Y_a(\omega) H'_a(\omega+\tau) \mathrm{d}\omega$$

函數相關法應用在凸輪輪廓識別中，首先將升程曲線 $y(\omega)$ 以週期 $T=360°$ 擴展得到新的升程曲線。由曲線相關的定義可以得出：

$$S = R(\tau) = \int_{0^\circ}^{360^\circ} h(\omega) y(\omega) \mathrm{d}\omega = \int_{0^\circ}^{360^\circ} y(\omega) h(\omega - \tau) \mathrm{d}\omega \tag{3-67}$$

　　求出相關係數 $R(\tau)$ 取得最大值時 τ 的取值 τ_0，即凸輪的相位在理論上就等於 τ_0。

3.2.3　凸輪的升程及輪廓曲線

　　以所轉角度為橫軸，每一個角度下的升程誤差為縱軸，可以得到某一型號凸輪的升程誤差曲線，如圖 3-38 所示。由於升程誤差是離散的，每兩個相鄰角度之間的點按照精度的不同用直線或者曲線相連接。這樣就可以在座標軸中得到一條完整並連續的誤差曲線。得到凸輪的升程誤差曲線是凸輪輪廓測量的直接目的。得到了升程誤差曲線就可以判斷一個凸輪的磨削情況並且找到磨削過程中不準確的位置，以便於改進磨削工藝參數。

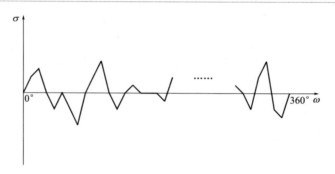

圖 3-38　仿真得到的升程誤差曲線

　　在確定某個轉角 ω_n 後，可以確定地得到在此角度下的理論升程值 h_n。由於磨削工藝無法達到百分之百的精確，得出相位後，與 ω_n 對應的實際升程值 y_n 無法達到 $y_n = h_n$。雖然凸輪在應用時所需的精確度特別高，但在凸輪檢測中，允許其在升程上有一定的足夠小的公差 σ 使得測量值的上限和下限滿足式（3-68）和式（3-69）：

$$h_{n\max} = h_n + \sigma \tag{3-68}$$

式中　h_n——理論升程值，mm；

　　　　σ——足夠小的公差。

$$h_{n\min} = h_n - \sigma \tag{3-69}$$

　　從而使得測量值必須滿足式（3-70）：

$$h_{n\min} < y_n < h_{n\max} \qquad (3\text{-}70)$$

式中　y_n——實際升程值，mm。

　　如圖 3-39 所示曲線 $h_{n\max}$ 和 $h_{n\min}$ 就叫做凸輪的公差帶，理論上若一個成品凸輪滿足精度要求，則凸輪的測量輪廓曲線經過一定角度的平移後應該全部位於公差帶的內部[9]。

　　公差帶的提出為凸輪檢測提供了一種新的理論依據：若凸輪的實際測量曲線經過一定角度的平移後全部落入公差帶內部，即對於任意的 ω 恆有式(3-71) 存在。

$$h_{\max} > y(\omega), h_{\min} < y(\omega) \qquad (3\text{-}71)$$

式中　ω——轉角，(°)。

　　則此成品凸輪在升程上為一合格凸輪，平移角度的角度值就是成品凸

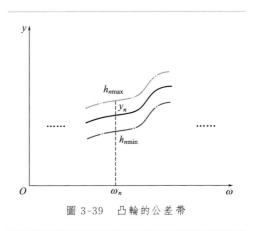

圖 3-39　凸輪的公差帶

輪的相位；若凸輪的實際測量曲線經過平移角 θ 後，在任意的 $\theta \in (0°, 360°]$ 內都無法使其全部落入公差帶內並出現圖 3-40 和圖 3-41 所示的情況，那麼此成品凸輪不滿足公差 σ 的要求。

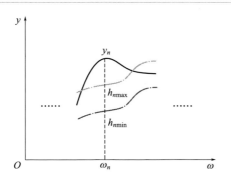

圖 3-40　凸輪輪廓曲線超出公差帶上限

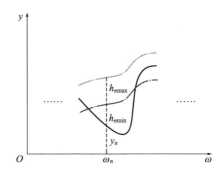

圖 3-41　凸輪輪廓曲線超出公差帶下限

　　通常情況下，通過測量得到的升程曲線是離散的，但根據測量和數據處理的需要最終得出的升程曲線應該是一條連續的曲線或者等距的離散信號（或者離散曲線）。傳統的凸輪測量儀在凸輪旋轉時是採取人工旋轉的方式，由於編碼器在測量凸輪轉角時的頻率是一定的，但人工旋轉的角速度不是恆定不變的，使得每個測量值所對應的角度不是等間距的。如表 3-1 所示是某一凸輪採用人工旋轉方式的測量儀所測得的一部分結果。

表 3-1　人工測量結果

轉角ω_n/(°)	17.350	17.725	18.175	18.600	18.975
實際升程值y_n/cm	15.7375	15.6070	15.4755	15.3350	15.1860

　　ω_n 的取值並不連續而且也不等間距。如表 3-2 所示是某一型號凸輪在出廠前就已經形成的供測量人員參考的理論升程值。

表 3-2　凸輪理論升程表

轉角ω_n/(°)	238	239	240	241	242
理論升程值h_n/cm	12.1821	12.0397	11.8963	11.7519	11.6067

　　ω_n 的取值是不連續等間距的，即是離散的，這樣就可以將凸輪的理論輪廓曲線以 ω 為橫軸、以 h_n 為縱軸生成一個離散曲線。要想將測量值和理論值進行數據處理並進行分析，首先要把兩類值轉化成曲線，而且兩個曲線的類型必須相同，很顯然，不能將理論輪廓曲線變成和測量曲線一樣的非等間距曲線，只能將測量曲線轉化成等間距的離散曲線。

3.2.4　升程檢測中的滾輪半徑折算

　　本節以滾輪從動件盤形凸輪為例，深入研究不同型號（測頭半徑不同，測桿長度規格相同）滾輪測頭之間升程與轉角關係的折算演算法。如圖 3-42 所示，根據非理論滾輪測頭測繪的凸輪輪廓數據（理論輪廓 1），綜合考慮凸輪機構的運動規律及設計要求，基於相對速度瞬心這一數學概念推理出理論滾輪測頭下的凸輪輪廓「轉角-升程」（理論輪廓 2）。這樣，不符合設計要求的測頭也能夠完成滿足檢測精度要求的檢測任務，避免了定製測頭的環節，降低了成本，提高了效率。

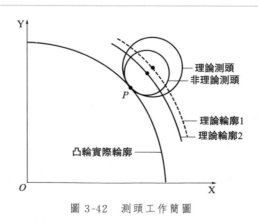

圖 3-42　測頭工作簡圖

　　借助圓光柵編碼器的零位標記功能，產生的零位信號作為凸輪輪廓轉角數據的角度基準信號，同時保證在同一檢測點下展開不同型號測頭之間升程與轉角關係折算演算法的研究工作。凸輪軸檢測儀工作時，無論實際工程中凸輪軸上的每片凸輪片對應何種的從動件，測頭與被測凸輪片的相對位置均為對心直動方式[10]。折算演算法研究之前，需明確滾輪測頭能夠測量的工藝場合。滾輪測頭能否實現凸輪輪廓的完全檢測，主要取決於滾輪測頭半徑與凸輪輪廓曲率半徑之間的關係。因此，結合凸輪檢測的實際工況及滾輪測頭半徑與待測凸輪的曲率半徑之間的關係，折算條件說明如下。

（1）凸輪輪廓的每段型線均平滑且外凸

　　當採用滾輪測頭檢測該種類型凸輪時，滾輪測頭的檢測路徑如圖 3-43 所示，理論上，無論滾輪測頭的半徑多大，均可實現凸輪輪廓型線的完全檢測。

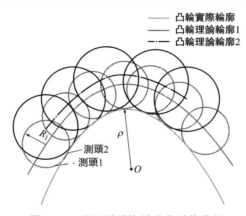

圖 3-43　滾輪測頭檢測外凸型線凸輪

（2）凸輪輪廓有內凹型線段

　　當滾輪測頭工作時，滾輪測頭與待測凸輪的位置關係如圖 3-44 所示。當採用半徑較大的滾輪測頭 1 檢測凸輪時，會出現部分點檢測不到的情況。因此，為保證檢測過程中數據採集的完整性、準確性，避免出現測頭卡死等現象，滾輪測頭半徑應小於待測凸輪輪廓的最小曲率半徑，即 $R_1 < \rho_{min}$。

3.2.5　共軛凸輪的檢測與共軛計算

（1）共軛凸輪輪廓檢測模型

　　在一些需要高速運轉的場合，共軛凸輪機構憑藉其結構的特殊性能夠彌補單片凸輪機構無法滿足的精度工程要求。最常見共軛凸輪是擺動滾輪從動件共軛凸

輪，其輪廓精度不僅關係到實際工況中從動件的運動軌跡精準程度，也是衡量共軛凸輪加工品質優劣的標準。為此，在研究共軛凸輪的主、副凸輪配合情況之前，首先應明確主、副凸輪輪廓的檢測模型。共軛凸輪的集合特性體現在主、副凸輪輪廓離散點嚴格一一對應。本節基於凸輪機構輪廓設計的反轉法原理搭建共軛凸輪的輪廓檢測模型。

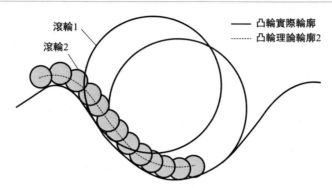

圖 3-44　滾輪測頭檢測內凹型線凸輪

(2) 主凸輪輪廓檢測軌跡方程

假設共軛凸輪機構為逆時針方向轉動，在主凸輪上建立左手直角座標系

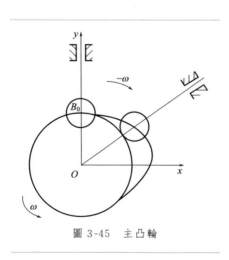

圖 3-45　主凸輪

xOy，其中，凸輪回轉中心與凸輪從動件旋轉中心始終在一條直線上，O 點為凸輪「固定」中心，B_0 為滾輪回轉中心，如圖 3-45 所示。根據反轉法，主凸輪以 $\omega(\text{rad/s})$ 的角速度逆時針旋轉等價於主凸輪不動，從動件擺桿以 $\omega(\text{rad/s})$ 角速度順時針旋轉。已知共軛凸輪兩擺桿長為 L_1、L_2，擺桿回轉中心與凸輪回轉中心的距離為 a，兩擺桿之間夾角為 α，滾輪從動件運動規律為 $s=s(\phi)$，主凸輪的角行程為 δ，與主凸輪對應的滾輪測頭圓心為 B_0，根據反轉法原理 B_0 中心座標為：

$$\begin{cases} x_0 = a\sin\delta - L_1\sin(\phi_0+\phi+\delta) \\ y_0 = a\cos\delta - L_1\cos(\phi_0+\phi+\delta) \end{cases} \tag{3-72}$$

式中　a——擺桿回轉中心與凸輪回轉中心的距離，cm；
L_1，L_2——共軛凸輪兩擺桿長，cm；

δ——主凸輪的角行程，($°$)；

ϕ_0——測量初始角度，($°$)；

ϕ——從動件運動行程，cm。

考慮到凸輪理論輪廓曲線與凸輪實際曲線是法線上相差半徑的等距曲線，因此，主凸輪輪廓的檢測曲線為：

$$\begin{cases} x_i = x_0 - R_0 \cos\delta \\ y_i = y_0 - R_0 \sin\delta \end{cases} \tag{3-73}$$

式中　R_0——凸輪的基圓半徑。

(3) 副凸輪輪廓檢測軌跡方程

由於共軛凸輪結構上的特殊性，當主凸輪處於升程階段時，副凸輪處於回程階段；副凸輪處於升程階段時，主凸輪處於回程階段。利用主凸輪、副凸輪之間嚴格對應的幾何關係，根據主凸輪的理論輪廓線設計相應的副凸輪的理論輪廓曲線，求得副凸輪的實際輪廓曲線。B_1是檢測副凸輪輪廓的滾輪從動件中心。

副凸輪輪廓檢測軌跡方程為

$$\begin{cases} x_1 = l_{OB_1} \cos(90° - \beta - \delta) = l_{OB_1} \sin(\beta + \delta) \\ y_1 = l_{OB_1} \sin(90° - \beta - \delta) = l_{OB_1} \cos(\beta + \delta) \end{cases} \tag{3-74}$$

式中，共軛凸輪機構的基圓圓心 O 與 B_1 的距離及凸輪中心距與副凸輪擺桿之間的夾角：

$$l_{OB_1} = (l_2^2 - a^2 - 2a\, l_2 \cos \gamma_{OA_0B_1})^{\frac{1}{2}}$$

$$\gamma_{OA_0B_1} = \alpha - \phi_0 - \phi$$

$$\beta = a \sin\left(\frac{l_2 \sin \gamma_{OA_0B_1}}{l_{OB_1}}\right)$$

3.2.6　凸輪的誤差評定

凸輪升程數據綜合反映了凸輪機構從動件的工作位移以及實際運行規律，因此，凸輪軸檢測儀主要採集的數據是不同時刻下凸輪的轉角以及與轉角對應的升程。凸輪輪廓檢測應根據待測凸輪的實際所需情況確定具體的檢測方案。本節採用的凸輪輪廓誤差的評定方法是：首先，採用符合設計要求的理論測頭檢測凸輪輪廓，以採集的凸輪輪廓數據作為標準升程數據；其次，採用非理論測頭測得的數據經過進一步數據處理轉換為理論升程數據；最後，標準升程數據與理論升程數據之差作為升程誤差[11,12]。

每一個凸輪磨削完畢後，為了檢驗成品凸輪是否符合要求，都要對所磨削凸輪進行輪廓檢測。這一檢測過程稱為凸輪的輪廓檢測。在每一個型號凸輪磨削前都會先得到這一磨削型號凸輪的理論升程，也叫標準升程，即每一角度 ω_n 都會

有一個與之對應的在轉角轉到該角度時的理論升程值 h_n。其中 $0 \leqslant n \leqslant 360$ 且 $n \in Z$，$h_0 = h_{360°}$ 得到成品凸輪後對凸輪輪廓進行測量並計算出凸輪相位差，之後對測量數據重新進行調整和數據擬合，得到凸輪在每個轉角 ω_n 和在這一轉角的實際升程值 y_n。同樣：$0 \leqslant n \leqslant 360$ 且 $n \in Z$，$y_0 = y_{360°}$。得到了這樣的兩組數據後，就可以得到凸輪的升程誤差。研究成品凸輪合格與否是以凸輪的升程誤差為研究對象的，因為成品凸輪的升程誤差具有普遍性和代表性，凸輪在每個轉角下的升程誤差可以定量地表示為：升程誤差值＝實際升程（測得值）－理論升程值（真值）。用符號表示：

$$\Delta_n = y_n - h_n \tag{3-75}$$

式中，Δ_n 為轉角轉到某一角度 ω_n 時的升程誤差，它的大小表示此次測得值對真值的不符合程度。另外，還應該從以下幾個方面理解升程誤差的含義。

① 升程誤差 Δ_n 恆不等於零。根據誤差的必然性原理，不管主觀願望如何，以及在測量時怎樣努力或者測量設備如何精準，實際上誤差總是要產生的，升程誤差也是如此，不管怎樣改善磨削設備的精度，升程誤差都是必然存在的。而且升程誤差不可能等於零，就像測量電量時誤差不可能小於一個電子所帶的電量一樣，測量升程時誤差不可能小於規定的材料分子的尺寸。

② 在轉角為不同角度 ω_n 下所得的升程誤差之間一般是不相等的，即升程誤差具有不確定性。若在測量中出現升程誤差大面積相等，可能是測量儀器的解析度太低的緣故。

3.3　凸輪檢測誤差

3.3.1　影響測量誤差的因素

根據國際標準，「理想要素」指的是理論上絕對準確的零件表面，加工完成後的零件表面稱為「實際要素」。而誤差指的便是理想要素與實際要素在尺寸、形狀、位置及微觀形狀上的差異，二者的符合程度稱為精度[13]。誤差是絕對存在的，而精度是相對的，因此，實際工程中允許出現誤差（公差）。凸輪輪廓誤差是不可避免的，也是不利於實際工況的，在加工過程中一定要減小誤差。為此，只有認知引起凸輪誤差的因素，明確誤差因素的來源才能更好地控制誤差，為檢測到的不合格工件的補充加工制定合理的誤差補償方案。

升程誤差展現了凸輪輪廓誤差情況。檢測時，待測凸輪的採集數據應能保證凸輪升程的最大誤差最小[14]。許多因素都會引起凸輪升程誤差，如：被測凸輪

偏心、檢測系統誤差、拔插安裝不合理、測頭安裝或製造誤差、滾輪測頭半徑誤差、滾輪測頭中心線與凸輪回轉軸線不共面等因素[15]。上述因素引起的升程誤差在一定範圍內時，可以根據誤差合成原理，求出檢測方法的總誤差。

導致升程誤差的諸多因素不可避免，只能儘量減少，實驗發現經控制後的誤差引起因素對凸輪機構的實際工作性能影響十分微弱，但滾輪測頭選擇不當引起的升程誤差將直接導致凸輪機構的實際工作性能大幅偏離原有的理論工作性能，甚至導致凸輪機構失效。如果這種情況發生在檢測過程中，將直接導致檢測數據不可用。

由於升程誤差的必然存在，在某一轉角下的測量值與理論值總不能相符。對於升程誤差而言，非人為來源主要分為以下三個方面：測量儀器，測量條件和相位差計算的準確性。

① 儀器誤差：由於測量工具的設計、製造和裝配校正等方面的欠缺所引起的測量誤差。

② 條件誤差：測量過程中測量條件變化所引起的誤差，如測量間的溫度變化、氣流及振動的影響等。由於凸輪是剛性材料，條件誤差相對較小。

③ 相位差誤差：在得到升程數據前首先要計算凸輪的相位差，相位差計算的準確與否直接影響凸輪的升程誤差，所以在凸輪輪廓測量中，造成升程誤差偏大的主要來源是相位差計算的不準確性。

3.3.2 減少誤差的措施

在傳統的測量方法和數據處理方法的基礎上，尋找一種或幾種更加科學準確的方法，通過所測結果和理論數據來得到凸輪的相位從而得到凸輪的升程誤差。因為凸輪的相位要使各個點與理論數據最大限度地重合，所以測量點中所有點都應該影響著凸輪的相位，即凸輪的相位與每一個測量點都有關，在求取凸輪相位時也應該用到盡可能多的測量點。新的數據處理方法需在測量點的利用率上有明顯的提高。但在測量數據利用率提高的同時，求取凸輪相位時的計算量也在大幅度增加，計算的相應時間也相應變長，對電腦的配置要求也較高。

（1）輪廓線壞點的去除

凸輪輪廓曲線基於一系列離散數據點進行擬合。由於凸輪輪廓數據的採集受到多方因素的干擾，不免會採集到「壞點」。存在的壞點必須進行輪廓曲線的光順處理，否則曲線擬合效果直接受到影響，甚至可能導致之前採集數據及後續的分析工作無意義。判斷某個點或某些點屬於壞點前，需首先明確如何界定壞點。界定壞點的方法很多，如：按照由點集形成的曲線的曲率大小來判定，曲率波動明顯的點即視為點集中的壞點。本節採用的方法是計算相鄰兩個點的平均值，如

果某兩點的平均值波動明顯，則將該點視為壞點並剔除。壞點去除後，因壞點存在引起的不良擬合效應將消除。

（2）光順處理

曲線光順處理主要是指對採集的凸輪輪廓離散點數據進行「去毛刺」處理，以保證輪廓曲線更符合實際工況。主流的曲線光順處理方法集中在插值法與擬合法[16,17]。當目標構造曲線要求嚴格通過離散數據點時，在原有離散點的基礎上根據凸輪曲線的規律進行點數的增加，稱為曲線的插值；如果目標構造曲線對型值點的要求是僅需滿足一定精度範圍內逼近離散數據點，則稱為曲線的擬合。通過大量實驗發現，檢測凸輪輪廓得到的凸輪輪廓的離散數據集與原始數據相比就包含一定的誤差，所以，對於目標構造曲線要求嚴格通過型值點的意義不大，而且由於誤差因素的介入，嚴格通過型值點反而容易造成曲線的較大偏離。因此，實際上光順處理方法的曲線擬合法要優於插值法。

參考文獻

[1]　葛正浩，楊芙蓮，彭國勛，等．凸輪機構運動學研究綜述[J]．機械設計，2001，18（3）：4-5.

[2]　楊青，楊萍．凸輪輪廓誤差評定方法的研究[J]．西北農林科技大學學報（自然科學版），1997（5）：39-43.

[3]　SUI Zhen, CUI Mingdi, SHANG Xiaohang, et al. The time-domain discrete signal processing of cam phase. 2011 Second International Conference on Digital Manufacturing & Automation. Zhang Jiajie, Hunan Province, China, 2011（8）：1344-1348. （EI檢索：20114614513283）

[4]　曹德芳，鄧朝暉，劉偉，等．凸輪軸磨削加工速度優化調節與自動數控編程研究[J]．中國機械工程，2012，23（18）：2149-2155.

[5]　劉興富．求解凸輪檢測基準的"統籌"方法[J]．標準化報導，1994，5（2）：23-27.

[6]　LEE T S. An investigation of grinding process optimization via evolutionary alg[C]. Proceedings of the 2007 IEEE Swarm Intelligence, 2007.

[7]　LIU Jiancheng. Dynamic gain motion control with multi-axis trajectory monitoring for. Paper of masters degree of China Three Gorges, 2007.

[8]　CHEN Ronglian, CHENG Weiming, HV Zhihong, et al. An analytical and experimental study of grinding temperature for heavy duty cam[C]//International conference on measuring technology & mechatronics automation.IEEE, 2009.

[9]　劉岩．光柵尺動態測量儀[J]．光學精密工程，2008，12：14-19.

[10]　石永剛，吳央芳．凸輪機構設計與應用創

新[M]. 北京: 機械工業出版社 . 1995.

[11]　王海燕, 趙汝嘉, 劉昌祺 . 弧面分度凸輪輪廓的精密測量與誤差評定[J]. 計量技術, 1999 (6) : 9-12.

[12]　尹明富, 趙鎮宏, 呂傳毅 . 空間凸輪廓面檢測與誤差評定新方法及實驗研究[J]. 儀器儀表學報, 2004, 25 (4) : 452-456.

[13]　陳小告 . 弧面分度凸輪多軸聯動加工綜合誤差分析研究 [D]. 湘潭: 湘潭大學, 2009.

[14]　劉興富 . 符合"最小條件"的凸輪升程誤差值的計算機求解法[J]. 製造技術與機床, 2002, 09: 40-42.

[15]　王正鋼 . 對稱凸輪計算機輔助測量技術與裝置[D]. 武漢: 華中科技大學, 2004.

[16]　諸彩琴, 沈毅, 諸彩英 . 基於光順法及Pro/E的共軛凸輪的反求設計[J]. 浙江理工大學學報, 2009, 01: 82-86.

[17]　NGUYEN V T. Flexible cam profile synthesis method using smoothing spine curves [J]. Mechanism and Machine Theory, 2007, 42 (7) : 825-838.

第4章

凸輪模型的速度優化與輪廓補償

4.1 速度曲線及其與輪廓誤差的關係

凸輪磨削加工過程中，根據輸入凸輪的輪廓形狀，凸輪磨床中 X 軸和 C 軸將會根據輸入的凸輪資訊做出對應的速度變化，保證生產出的工件符合實際的生產要求。這個過程需要 X、C 兩軸的機械機構和控制系統提供準確的定位和反應速度以滿足系統的加工要求[1,2]。在實際的加工過程中，凸輪輪廓的曲率半徑變化較劇烈的時候，實際磨床上的電機的性能指標很難滿足實際輸入的命令要求，使得砂輪饋送軸與工件旋轉軸難以到達相應的位置處，此過程對工件實際加工精度的影響非常大。

4.1.1 跟隨誤差及其對輪廓誤差的影響

由式（3-13）可知，凸輪磨削過程中產生的跟隨誤差是輪廓誤差產生的主要原因，為了更好地反映其中的關係，輪廓誤差需重新定義。由於數控凸輪磨削系統中輸入的凸輪輪廓數據是極座標系下的角度與位移，本節對輪廓誤差的定義如圖 4-1 所示。設定理論輪廓曲線軌跡為 $\rho = f(\theta)$，其中 R 為理論磨削點，A 為實際磨削點，A^* 為該時刻 A 點的極徑 OA 與理論輪廓曲線的交點，定義該時刻的輪廓誤差即為 A 與 A^* 之間的距離。

則輪廓誤差為：

$$\varepsilon = r - \hat{r} = r - r_d + r_d - \hat{r} \quad (4\text{-}1)$$

其中：

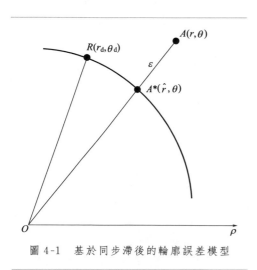

圖 4-1 基於同步滯後的輪廓誤差模型

$$r_{\mathrm{d}} - \hat{r} = f(\theta_{\mathrm{d}}) - f(\theta) \approx -\frac{\partial f}{\partial \theta}(\theta_{\mathrm{d}})(\theta - \theta_{\mathrm{d}}) \tag{4-2}$$

令 $\theta - \theta_{\mathrm{d}} = \varepsilon_\theta$，則式(4-2) 變換為：

$$r_{\mathrm{d}} - \hat{r} = -\frac{\partial f}{\partial \theta}(\theta_{\mathrm{d}})\varepsilon_\theta \tag{4-3}$$

式(4-3) 反映出了由凸輪主旋轉軸的追蹤誤差引起的輪廓誤差值的大小，而砂輪饋送軸的追蹤誤差所引起的輪廓誤差為 $\varepsilon_r = r - r_{\mathrm{d}}$，則有：

$$\varepsilon = \varepsilon_r - \frac{\partial f}{\partial \theta}(\theta_{\mathrm{d}})\varepsilon_\theta \tag{4-4}$$

為不失一般性，式(4-4) 可以表示為：

$$\varepsilon = -C_c \varepsilon_\theta + C_x \varepsilon_r \tag{4-5}$$

式中，$C_c = \dfrac{\partial f}{\partial \theta}(\theta_{\mathrm{d}})$，$C_x = 1$，$\varepsilon_\theta$、$\varepsilon_r$ 分別是 C、X 軸伺服系統的追蹤誤差。

由式(4-5) 可知兩軸的追蹤誤差與輪廓誤差密切相關，但又不完全相同。總體來說追蹤誤差越大輪廓誤差也就越大，然而如果能保證凸輪兩軸的滯後量相近或者相同，即使存在追蹤誤差也能保證輪廓誤差的值較小。

4.1.2　速度與跟隨誤差

在凸輪加工過程中，各加工軸需要隨輪廓形狀的不同在極短時間內啟動、停止或改變速度，伺服系統應同時精確地控制各加工軸的位置和速度，所以伺服系統的靜態和動態特性直接影響了凸輪軸和砂輪的協同運動和位置精度，在兩軸上都各自產生了追蹤誤差，進而一同導致了凸輪輪廓的誤差。

指令位置 $x(t) = vt$ 以恆定速度 v 運動，圖4-2 中的上面一條斜線表示在該命令下的理論曲線，下面一條斜線則表示刀具的實際位置曲線。在圖中任取一個時間點 T_i，理論位置應該是 x_i，而由於滯後導致的實際位置卻在 x_i'，此時刻兩位置之間的差 e 就是在這一時刻的追蹤誤差，其中：

$$e = x_i - x_i'$$

追蹤誤差與凸輪的磨削速度密切相

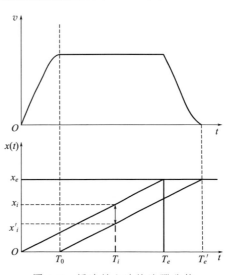

圖 4-2　恆速輸入時的追蹤曲線

關，一般情況下，凸輪的加工速度越快追蹤誤差越大。

4.1.3 基於同步滯後原理的速度優化

凸輪磨削主要由凸輪的旋轉運動和砂輪的進退運動配合實現，這兩個運動均由伺服馬達驅動。在磨削時，兩軸的實際位置往往滯後於理論位置，其偏差被稱為追蹤誤差或跟隨誤差，因其滯後性，又稱為滯後誤差。這個誤差是影響凸輪磨削精度的重要因素。如果合理優化凸輪磨削過程中的轉速變化曲線，使兩軸的滯後誤差基本相同，相當於兩軸間保持同步，則凸輪的精度可以提高，甚至理想情況下可以無誤差，這一原理被稱為同步滯後。

在數控凸輪磨削加工中，高精度和高效率永遠是追求的最終目的。尤其是考慮到凸輪輪廓曲線的複雜性，想要保證凸輪片的加工品質就更加困難。因此在過去，眾多學者針對高精度這一目標進行了大量的研究和實驗。磨削加工速度和加速度是影響數控磨削加工過程的效率和精度的關鍵因素。一般來說，恆線速度加工磨削是數控凸輪磨削的一種比較理想的加工方案，但在加工凸輪輪廓曲線時，受到加工工藝、系統硬體等方面的限制，很難實現這種純理想化的恆角速度加工。然而在實際加工過程中，可以採用某些特定的工藝優化方法令其與理想的工藝狀態逼近，通過對兩個軸速度的優化可以使加工效率更高，加工過程更穩定，同時可以有效提高零件加工的精度和品質。實際上，砂輪饋送軸和凸輪旋轉軸的速度調節和優化的目的在於：保證在加工具有曲面複雜特性的凸輪片時，兩個軸的速度和加速度不超過系統硬體的最大允許範圍，而且對於運動軸的啟停、變速等工況可以進行速度平滑的過渡，使整個磨削加工過程穩定、高效。尤其針對具有批量生產、輪廓曲線複雜的凸輪數控磨削加工來講，主軸和饋送軸速度的調節和優化更具實際意義，從而為實際生產帶來效益。

對於速度優化問題，不少學者也做了一定的工作，通過設計各種速度優化演算法[3]來彌補一些機床的缺陷，甚至可以提高和優化加工的性能，並取得了相應的成果。同時，對凸輪旋轉角速度的變化規律進行探索，對其優化，使兩軸的速度及加速度配合良好，以兩軸的動態追蹤誤差最小為原則，對提高磨削精度的作用十分明顯，這在人工速度優化時已得到驗證。目前，中國基於該理論的速度優化途徑通常有兩種：一是通過饋送軸砂輪架允許的最大速度和加速度來反向調節 C 軸凸輪旋轉軸的速度和加速度，該方法易於實現程式自動化，但計算相對比較複雜[4]；另一種是正向直接調節凸輪旋轉軸的速度，計算砂輪架的速度和加速度，並限制最大速度和加速度在允許範圍內[5]，這種調整方法簡單，但效率不高。而且上述這些優化演算法都比較依賴數控磨床的機械結構，演算法的適應性不強。與中國的數控磨削相比，國外的數控磨削技術比較成熟，即使在同樣

的數控磨床上進行磨削加工，不論在磨削效率還是磨削精度方面都遠遠超越了中國，但國外公開的優化演算法甚少。

通過研究凸輪磨削速度和磨削精度之間的關係我們可以發現：在實際工業加工中，磨削速度越快，磨削精度就越差，磨削速度越慢，磨削精度就越高，即凸輪的磨削速度和磨削精度是相互矛盾的。而如何找到磨削速度和磨削精度之間的平衡，則是速度優化的核心課題。本節制定的速度優化基本原理及思路分為以下兩點。

① 在插補週期不變的情況下，改變每個插補週期內凸輪軸轉過的角度 $\Delta\lambda$。在基圓部分可以增加每個插補週期內的旋轉角度 $\Delta\lambda$，在敏感區域就可以相應地減小 $\Delta\lambda$，而插補週期保持不變。可以通過這種方法來實現對磨削速度的調整，如式(4-6) 所示。

$$\Delta T = \frac{\Delta\lambda}{v} = \frac{(\Delta\lambda \pm u)}{v'} \tag{4-6}$$

在式(4-6) 中，保持插補週期 ΔT 不變，當 ΔT 內原來轉過的角度 $\Delta\lambda$ 增加或減小一個 u 時，速度也由原來的 v 變成了 v'，實現了速度的改變。

② 在凸輪磨削過程中，不改變相鄰兩個磨削點的凸輪旋轉軸轉過的角度，而通過改變相鄰磨削點之間的時間差 ΔT 來實現對速度的改變。在較為敏感的區域增加該時間差，即同樣完成相同距離或角度的過程需要更長的時間，從而減小了磨削速度；相反地，在基圓部分就可以減小該時間差，即完成相同距離或角度的過程需要更短的時間，從而增加了磨削速度，如式(4-7) 所示。

$$\Delta\lambda = v\Delta T = v'(\Delta T + t) \tag{4-7}$$

基於上述提出的優化原理，同時考慮到速度優化和加速度約束，有兩種基本思路可供選擇：第一種就是主要調整 C 軸和 X 軸的磨削速度，然後再計算兩軸的加速度是否滿足伺服系統的要求，這種方法計算較為簡單，但調整效率較低；第二種方法就是通過計算兩軸的最大加速度來反向計算 C 軸允許的最大轉速，這種方法精度較高，但是計算過於複雜。本節主要採用第一種方法進行研究。圖 4-3是速度優化的原理框圖。

本節提出三種速度優化演算法和一種加速度優化演算法[6]，首先第一種速度優化演算法是要著重提高磨削速度，在整體上按照「基圓階段應增大磨削速度、非基圓階段應適當減小磨削速度」的原則進行大範圍的速度調整；第二種和第三種速度優化方法則是重點提高磨削精度，即在第一種速度優化的基礎上對磨削速度進行微調整以減小輪廓誤差，提高磨削精度，這兩種演算法分別從上述提到的兩種優化思想即改變相鄰兩磨削點的時間差和改變插補週期內凸輪軸轉過的角度來進行設計，也便於對比這兩種優化思想的特點和優缺點；最後提出一種加

速度優化演算法，可以分別和第二種或第三種速度優化演算法聯合使用，通過加速度約束來進一步保障凸輪的磨削精度。

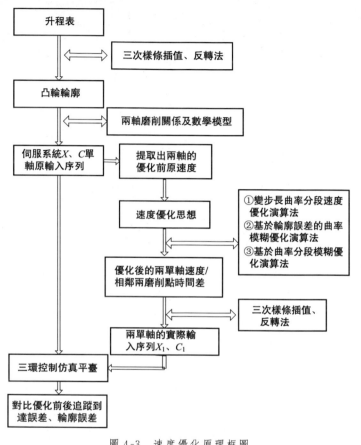

圖 4-3　速度優化原理框圖

4.1.4　幾種基本的速度優化方法

在實際凸輪磨削演算法中常用的速度優化方法有三種，分別為：恆角速度磨削、恆線速度磨削、準恆線速度磨削。目前恆角速度磨削與恆線速度磨削是 CNC 數控加工中主要採用的方法。對工件加工精度和表面精度要求不高的情況下，恆角速度磨削是一種非常值得考慮的加工方法，一旦磨削加工精度或者工件表面粗糙度要求提高時，該加工方法將無法滿足實際要求。海內外諸多學者、專家對饋送軸砂輪與磨削工件的對應關係進行了探索，基於輪廓弧微分理論建立了凸輪恆線速磨削運動方程。恆線速磨削可以使得磨削力相對穩定，有利於提高凸

輪的輪廓精度[7]。如果完全採用標準的恆線速度磨削加工,磨削過程中對 CNC 數控磨床的追蹤精度要求極高,且容易出現 CNC 數控磨床旋轉軸(C 軸)和砂輪饋送軸(X 軸)速度過大,降低 C 軸與 X 軸的追蹤精度,造成凸輪磨削過程中一些位置磨削不夠充分,另外一些位置出現過磨削。有學者提出通過速度優化來解決凸輪磨削問題,張迎春學者提出了恆定磨削弧長加工原則,希望通過凸輪工件變速調整實現恆磨除率與恆磨削[8]。

由於直接採用恆線速度磨削方法較難實現,所以很多研究機構採用了其他的速度優化方法。其中華中科技大學李勇[9]等人提出速度曲線的頻率成分與加工精度具有直接關係,速度頻率成分越單一磨削效果越好。候靜強[10]等人也提出磨床具有固定的振動頻率,合理的速度能達到抑制顫振的目的。X Liu 與 A Fahad 等人[11]提出通過對速度、加速度、加加速度進行 FFT 頻譜分析,濾除干擾高頻信號,調節合理饋送率。Lee 等人提出一種新的離線饋送速率優化方法,通過 NURBS(非均勻有理 B 雲規)速度補償法來滿足 CNC 數值控制機床的加速度與加加速度限制、弦公差約束[12]。

4.2　凸輪的形位誤差補償

凸輪的形位誤差是形狀誤差和位置誤差的統稱,其中,形狀誤差即為凸輪的輪廓誤差;而位置誤差指的是凸輪的相位誤差,不是凸輪在軸上的沿軸向的位置誤差。凸輪的輪廓誤差採用「先速度優化、後誤差補償」的原則進行處理,而相位誤差則簡單通過補償就可以很好地解決。

4.2.1　輪廓誤差補償

在凸輪磨削加工過程中,由於旋轉軸(C 軸)與饋送軸(X 軸)電機特性與連接設備的不同,造成在加工過程中兩軸存在不同的追蹤誤差[13],由於追蹤誤差的不同造成在實際磨削過程中,兩軸往往不能在同一個加工點進行凸輪磨削,這是造成凸輪輪廓誤差產生的主要原因。我們明白了這個原因之後,對凸輪輪廓誤差進行了許多探索。總體來說可以總結為以下三種方法。

① 提高旋轉軸(C 軸)與饋送軸(X 軸)的追蹤精度。在實際加工過程中凸輪的輪廓誤差主要是因為雙軸的追蹤精度不高[14],通過優化數控系統中各軸的設置參數,主要是各軸的 PID 參數,可以提高各軸的追蹤精度,一定程度上提高了凸輪的輪廓誤差精度[15]。

② 通過離線升程補償的方式代替輪廓誤差補償。在實際工程中,常通過凸

輪輪廓測量儀進行凸輪輪廓測量，最後將測量的輪廓誤差通過相關算式計算後疊加入新的升程表中，以升程誤差補償的方式代替輪廓誤差補償。我們在長春第一機床廠有限公司的設備研發過程中，使用過該方法，取得了較好的輪廓誤差補償效果，並以此為依據開發了以後一系列凸輪磨削離線補償優化演算法。

　　③ 通過建立同步滯後模型進行輪廓誤差即時補償。在實際加工過程中兩個單軸都存在追蹤誤差，但該誤差並不能完全消除，在允許兩個單軸存在滯後的前提下，基於輪廓誤差模型及誤差分配策略為兩個單軸補償誤差量，保證使兩個軸有同等比例的誤差滯後量，最終實現磨削點在凸輪輪廓曲線上的滯後，從而達到提高凸輪輪廓精度的目標。

4.2.2　相位誤差補償

　　由於測量凸輪時的起點和理論輪廓數據的起點不同，測量輪廓曲線和理論輪廓曲線之間存在一個相位差。如果不將這部分的相位誤差進行處理，則會使磨削過程中有很大的升程誤差值，造成越補償誤差越大。所以在進行升程誤差處理之前首先應該對相位誤差進行補償[16]。為了方便讀者更加容易理解相位誤差，假設凸輪的測量輪廓曲線向右循環平移 ω_0 後與理論輪廓曲線完全重合[17]。平移的 $\theta = \omega_0$ 就是凸輪的測量曲線與理論輪廓曲線的相位差。由於理論升程曲線以零度作為角度起點，一般地，規定理論升程曲線的相位為零，實際輪廓升程曲線與理論輪廓曲線的相位差簡稱凸輪的相位。

　　在實際應用中，如圖 3-7 和圖 3-8 所示，將測量好的輪廓曲線和已知的理論輪廓曲線繪製成兩個同心的凸輪輪廓。將測量輪廓沿其逆時針旋轉 $\theta = \omega_0$ 後與理論輪廓的升程誤差的方差最小即重合度最好。得出相位是準確得出升程誤差的前提。相位的準確性影響著凸輪的理論輪廓曲線和測量輪廓曲線的「對準度」。相位不同，得出的升程誤差也不同。一般地，相位越準確，所求升程的方差在一定範圍內越小。

4.2.3　基圓半徑補償

　　在表徵凸輪輪廓形狀的升程曲線和相位角均合格的前提下，凸輪的基圓大小也是重要指標，很多凸輪測量儀採用增量座標方式測量，即能測量凸輪輪廓形狀和相位角，但不能準確測量基圓半徑，為此常採用卡尺等輔助手段測量凸輪的基圓直徑大小。

　　引起基圓誤差的主要因素有兩個方面：其一是磨床的 X 軸座標零點標定存在偏差，其二是砂輪直徑因磨損而存在偏差。這兩類原因導致砂輪的尖端與理論值存在偏差，最終影響凸輪的基圓大小，因而在磨床中設有基圓補償修正值

ΔX，砂輪的實際饋送位置是理論值與 ΔX 的疊加。採用這種方法可以直接修正基圓半徑。

這種直接修正基圓半徑的方法對於因砂輪磨損引起的基圓誤差同樣有效，但如果砂輪半徑存在較大偏差，會引起凸輪的輪廓誤差加大，因而當砂輪半徑誤差較大時需修正砂輪半徑後，重新計算磨削關係，但一般不需要重新進行速度優化。

砂輪半徑是通過砂輪修整確定的，簡稱「修砂輪」，通過金鋼筆進行，當砂輪修整後，其大小是可以確定的，這就是砂輪的初始尺寸。在凸輪磨削過程中，隨著磨削的進行，砂輪也逐漸減小，造成凸輪基圓直徑逐漸變大。針對這種情況，在磨床中，採用加工 1 個或幾個凸輪後，對基圓補償修正值 ΔX 進行 1 次自動調整，以補償砂輪的磨損。當 ΔX 加大到一定值時，表示砂輪磨損較大，這時將砂輪半徑減小 ΔX 後，重新計算，並把 ΔX 重新置 0。

4.3　提高凸輪磨削精度的基本原則

在保證效率的前提下，提高數控凸輪磨削加工精度，實現數控凸輪磨削的智慧控制成為了目前數控加工系統的主要需要。在實際磨削加工中，首先要保證單軸的追蹤精度，也就是要求數控凸輪磨削加工控制模型的準確性以及控制精度的保證。比如中國對凸輪標準的定義（$\leqslant 0.025\text{mm}$），針對磨削結果出現的輪廓誤差[18]，我們自定義為「大誤差」和「小誤差」，其中「大誤差」即為輪廓誤差大於 0.02mm，「小誤差」即為輪廓誤差小於 0.02mm 但大於 0.01mm。對於定義的這兩種誤差，分別有應對的策略，如圖 4-4 所示，也是本節研究的重點：速度優化演算法和智慧輪廓誤差離線補償策略的研究。

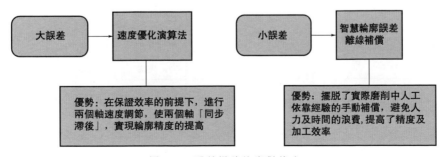

圖 4-4　兩種誤差的應對策略

（1）速度優化理念

其中「同步滯後」速度優化演算法的理念如下：圖 4-5 為送到控制器中凸輪旋轉角度和砂輪饋送量的增量圖。x_i 和 c_i 為 T_i 時刻的凸輪旋轉角度和砂輪饋送量，x_{i+1} 和 c_{i+1} 為 T_{i+1} 時刻的凸輪旋轉角度和砂輪饋送量。若 C 軸滯後量為 $\bar{\theta}$，則可以採用速度動態優化的方式，使 X 軸有一個等比例的滯後量 L，這樣兩個軸在磨削對應關係上仍保持同步狀態；或者對 X 軸進行誤差補償，同樣可以解決 C 軸和 X 軸不同步的問題。故本節提出的速度優化方案的新意是從輪廓誤差模型出發，尋找輪廓誤差與分配在兩個軸上的分量誤差以及兩個軸的速度和加速度的關係，從而對兩個軸的速度進行優化，使兩個軸雖然均存在滯後，但卻同步，即理論上為「零誤差」。

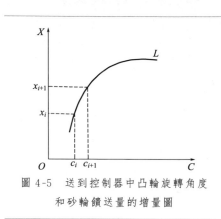

圖 4-5　送到控制器中凸輪旋轉角度和砂輪饋送量的增量圖

（2）智慧輪廓誤差離線補償策略

智慧輪廓誤差離線補償策略結構圖如圖 4-6 所示。將凸輪片的磨削一圈（360°）定義為一個週期，經過凸輪檢測儀的測量，得到輪廓誤差。則可利用上一個週期的磨削資訊來指導下一個週期的磨削，並產生新的數控磨削加工 NC 程式或者 NC 代碼，實現了利用上一個加工週期的資訊（偏差）對本週期的誤差補償，最終實現追蹤精度的提高。

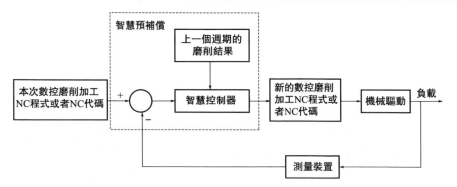

圖 4-6　智慧輪廓誤差離線補償策略結構圖

參考文獻

[1] 葛動元，易定秋．基於時間分割插補及輪廓誤差補償的精度分析與仿真[J]．邵陽學院學報：自然科學版，2008，5（4）：74-76.

[2] 曹德芳，鄧朝暉，劉偉，等．凸輪軸磨削加工速度優化調節與自動數控編程研究[J]．中國機械工程，2012，23（18）：2149-2155.

[3] 王昕，王均偉，饒志，等．基於NURBS曲線軌跡規劃與速度規劃的研究[J]．系統仿真學報，2008，20（15）：3973-3980.

[4] 王洪，戴瑜興，許世雄，等．凸輪軸磨床工件旋轉軸轉速預測算法的研究[J]．計算機工程與應用，2011，47（36）：245-248.

[5] 蔡曉敏，何永義，周其洪，等．凸輪切點跟蹤磨削的頭架轉速研究[J]．組合機床與自動化加工技術，2012，（2）：41-44.

[6] 劉振超，史紅．非圓曲線加工誤差分析及編程參數的選擇[J]．裝備製造技術，2012（11）：163-164.

[7] 李啓光．凸輪磨削輪廓誤差機理及精度提高方法研究[D]．北京：機械科學研究總院，2014.

[8] 張迎春，張艷萍，黃建偉．由弧長確定磨削凸輪時的變速規律[J]．機械工程師，2000（8）：49-51.

[9] 李勇．影響數控凸輪軸磨削加工精度若干因素的研究[D]．武漢：華中科技大學，2004.

[10] 侯靜強，李震杰，梁瑞容，等．淺談磨削加工中的振動[J]．中國科技信息，2008（22）：154.

[11] LIU X, AHMAD F, YAMAZAKI K, et al. Adaptive interpolation scheme for NURBS curves with the integration of machining dynamics[J]. International Journal of Machine Tools & Manufacture, 2005, 45（4）：433-444.

[12] LEE A C, LIN M T, PAN Y R, et al. The feedrate scheduling of NURBS interpolator for CNC machine tools[J]. Computer-Aided Design, 2011, 43（6）：612-628.

[13] 莫姣．凸輪軸形位誤差在線測量方法的研究[D]．上海：上海交通大學，2011.

[14] 李啓光，韓秋實，彭寶營，等．凸輪廓形誤差力位融合預測與補償控制研究[J]．機械設計與製造，2014（8）：264-267.

[15] 張培碩，李偉華，張春霞，等．凸輪磨床砂輪磨損誤差的補償方法研究[J]．製造技術與機床，2018（2）：120-124.

[16] 何有鈞，鄒慧君，郭為忠，等．空間凸輪刀位補償加工方式中理論加工誤差的研究[J]．中國機械工程，2001，12（9）：997-999.

[17] SUI Z, CUI M D, SHANG X H, et al. The Time-domain Discrete Signal Processing of Cam phase[C]// International Conference on Digital Manufacturing & Automation. Digital Manufacturing and Automation（ICDMA），2011 Second International Conference on Zhangjiajie，Hunan，China，2011：1344-1348.

[18] 范晉偉，關佳亮，閻紹澤．提高精密凸輪磨削精度的幾何誤差補償技術[J]．中國機械工程，2004，15（14）：1223-1226.

第5章

基於經驗公式的速度優化與補償

5.1 基於經驗公式的速度優化

　　由於工件型面的複雜性，在生產加工過程中，工件上一些區域的速度會出現較為突出的變化。針對不同加工區段凸輪升程曲線變化較大的狀況，砂輪饋送軸不能「跟得上」凸輪的旋轉角度變化[1]。因此，凸輪磨削過程中加工精度與磨削效率之間就會產生不平衡。本節主要針對凸輪工件不同區域輪廓曲線變化的狀況，根據其在凸輪磨削加工過程中不同區域的特點，當磨削凸輪升程曲線較陡的區域時，控制機床適當降低凸輪旋轉軸的旋轉速度，讓砂輪饋送軸能夠「跟得上」凸輪的旋轉角度；在凸輪升程曲線平緩的區域或者基圓區域，適當地提高凸輪的旋轉速度，從而實現機床兩磨削單軸之間的匹配。

　　通過分析凸輪輪廓誤差與磨削速度的關係[2]，可以發現一種規律：在凸輪磨削恆角速度磨削過程中，凸輪磨削週期越長，磨削的凸輪的輪廓精度越高；相反，磨削週期越短，凸輪的輪廓精度就越低。但實際的凸輪生產過程中，我們既要保證生產凸輪的輪廓加工精度，又要保證高效的生產效率。綜合考慮工業生產中加工精度和效率之間的平衡，本節提出，通過優化速度來建立高精度、高效率磨削過程。本節制定凸輪速度優化基本思想[3]，即在凸輪磨削過程時，在不改變相鄰兩個磨削點砂輪饋送軸 X 軸的饋送位移和凸輪旋轉軸的旋轉角度的前提下，通過改變兩磨削點之間的時間差 ΔT 的大小，從而實現：凸輪磨削過程中，凸輪曲率變化大的區域（敏感區，如圖 5-1 所示）慢速磨，凸輪曲率變化小的區域（基圓）快速磨，實現二者的匹配[4]。用式（5-1）來表示，可以通過調節 t 來改變兩點之間的磨削速度。

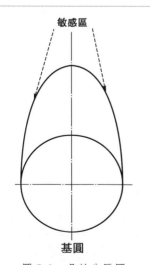

敏感區

基圓

圖 5-1　凸輪分區圖

$$\Delta \lambda = v \Delta T = v'(\Delta T + t) \tag{5-1}$$

圖 5-2 所示為凸輪磨削過程中的速度優化的原理圖，即：保證饋送兩軸各自的位移 S 不變，通過改變兩磨削點的時間，進而能夠改變兩點之間的斜率，從而改變兩點之間的速度及加速度等。

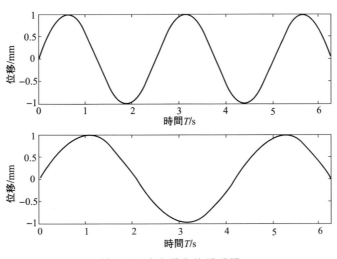

圖 5-2　速度優化的原理圖

根據第 4 章中凸輪旋轉軸與砂輪饋送軸磨削關係及數學模型，能夠求出工件的每一旋轉角度對應的砂輪的運動軌跡。通過擬合演算法可以得到連續曲線，如式(5-2)所示。

$$X = f(\theta) \tag{5-2}$$

每一時刻，砂輪中心的位置和旋轉軸的角度如圖 5-3、圖 5-4 所示。

在插補週期為 ΔT 的時間內，為了保證凸輪的輪廓不變，當 C 軸的旋轉角度為 $\Delta \theta_i$ 時，X 軸的饋送位移應該是 ΔX_i。根據數控凸輪磨床中單軸的驅動系統中速度的約束條件，則 ΔT 必須要滿足式(5-3) 中的條件。

$$\begin{cases} \left| \dfrac{\Delta \theta_i}{\Delta T} \right| < \omega_{c\_max} \\ \left| \dfrac{\Delta X_i}{\Delta T} \right| = \dfrac{\left| f(\theta_i + \Delta \theta_i) - f(\theta_i) \right|}{\Delta T} < V_{x\_max} \end{cases} \tag{5-3}$$

式中，ω_{c_max} 為凸輪數控磨床機電驅動系統 C 軸旋轉速度約束條件；V_{x_max} 為機床中 X 軸的速度約束條件。

假設滿足所有約束條件的前一個插補點的位置為 (θ_{i-1}, X_{i-1})，則

$$\begin{cases} \theta_i = \theta_{i-1} + \Delta \theta_{i-1} \\ X_i = X_{i-1} + \Delta X_{i-1} \end{cases} \tag{5-4}$$

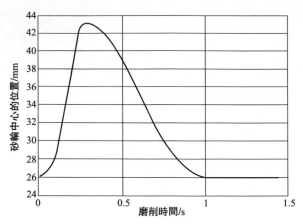

圖 5-3　砂輪中心的位置曲線

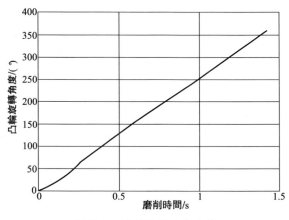

圖 5-4　旋轉軸的角度曲線

　　根據凸輪數控磨床機電驅動系統的加速度約束條件，ΔT 還必滿足加速度約束條件，即：

$$\begin{cases} \left| \dfrac{d^2(\theta)}{dt^2} \right| \approx \dfrac{\left| \Delta\theta_i - \Delta\theta_{i-1} \right|}{\Delta T^2} < a_{c\_\max} \\[3mm] \left| \dfrac{d^2(f(\theta))}{dt^2} \right| \approx \dfrac{\left| f(\theta_i + \Delta\theta_i) + f(\theta_i - \Delta\theta_i) - 2f(\theta_i) \right|}{\Delta T^2} < a_{x\_\max}, t \in (t_i, t_{i+1}) \end{cases}$$

$$(5-5)$$

　　式中，$a_{c\_\max}$ 為凸輪數控磨床 C 軸固有的最大加速，$a_{x\_\max}$ 為凸輪數控磨床 X 軸固有的最大加速。

　　根據上述制定的凸輪速度優化思想原理，我們可以從兩個方面來解決此問

題。一是調整凸輪旋轉軸的旋轉速度，通過兩軸間的數學關係計算砂輪饋送軸的進退速度和加速度，與控制系統所提供的最值對比，觀察是否超過系統響應。如果超過系統響應，調整凸輪旋轉軸的運動狀態。二是可以優化凸輪磨床中饋送軸的速度和加速度來反向計算凸輪旋轉軸的運動狀態。通過對數控凸輪磨床加工原理的分析，發現在凸輪磨削過程中，凸輪磨床饋送軸主要是配合凸輪旋轉軸進行磨削的。擬定速度優化的原理流程圖如圖 5-5 所示。

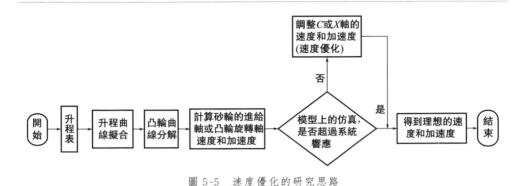

圖 5-5　速度優化的研究思路

選擇兩種速度優化方式。

（1）直接速度優化

初始時，設凸輪兩相鄰磨削點對應砂輪位置為 X_{i-1} 和 X_i，對應的插補週期分別是 t_{i-1} 和 t_i。根據物理知識可以近似地得到此時砂輪饋送軸的速度 V_i、加速度 a_i 及加速度變化率 J_i，如式（5-6）所示：

$$\begin{cases} \theta_i = \theta_{i-1} + \Delta\theta_{i-1} \\ X_i = X_{i-1} + \Delta X_{i-1} \end{cases} \tag{5-6}$$

$$\begin{cases} \Delta t = t_i - t_{i-1} \\ V_i = \dfrac{X_i - X_{i-1}}{\Delta t} \\ a_i = \dfrac{V_i - V_{i-1}}{\Delta t} \\ J_i = \dfrac{a_i - a_{i-1}}{\Delta t} \end{cases} \tag{5-7}$$

通過上述公式可以計算初始時砂輪饋送軸在各磨削各點時的磨削狀態。為了保證磨削加工的凸輪輪廓的精度，上述計算得到初始各磨削點的速度 V_i、加速度 a_i 及加速度變化率 J_i 必須要滿足凸輪磨床的控制系統要求，如式（5-8）所示。

$$\begin{cases} |V_i| \leqslant V_{x\_max} \\ |a_i| \leqslant A_{x\_max} \\ |J_i| \leqslant J_{x\_max} \end{cases} \tag{5-8}$$

式中，V_{x_max} 為控制系統允許砂輪饋送軸（X 軸）的最大速度；A_{x_max} 為控制系統允許砂輪饋送軸（X 軸）的最大加速度；J_{x_max} 為控制系統允許砂輪饋送軸（X 軸）的最大加速度變化率。

當磨削加工凸輪曲率變化大的區域時，砂輪饋送軸的速度、加速度和加速度變化率有可能會超過凸輪磨床的控制系統要求。為了保證凸輪輪廓不出現磨削不充分或者過磨現象，可以將此區域的理論輸入的 $\dfrac{\Delta X_i}{\Delta T_i}(V_i)$ 或 $\dfrac{\Delta \theta_i}{\Delta T_i}(\omega_i)$ 乘以 $\dfrac{\Delta T_i}{\Delta T_i + t}$，此時 t 是大於零的。當磨削加工凸輪基圓部分時，砂輪饋送軸的饋送速度、加速度和加速度變化率幾乎為零。這樣可以保證砂輪饋送軸的跟隨誤差也幾乎為零。為了提高工件的生產效率，可以將此區域的理論輸入的 $\dfrac{\Delta X_i}{\Delta T_i}(V_i)$ 或 $\dfrac{\Delta \theta_i}{\Delta T_i}(\omega_i)$ 乘以 $\dfrac{\Delta T_i}{\Delta T_i - t}$，此時 t 的範圍是大於零的。為了保證磨削速度大於零，t 要小於兩磨削點的初始磨削時間點的差值 ΔT_i，如式(5-9) 所示。

$$\begin{cases} v_c'(v_x') = \dfrac{\Delta \theta_i}{\Delta T_i}\left(\dfrac{\Delta X_i}{\Delta T_i}\right) \times \dfrac{\Delta T_i}{(\Delta T_i + t)}\,(0 < t, \text{在凸輪輪廓曲率變化大時}) \\[3mm] v_c'(v_x') = \dfrac{\Delta \theta_i}{\Delta T_i}\left(\dfrac{\Delta X_i}{\Delta T_i}\right) \times \dfrac{\Delta T_i}{(\Delta T_i - t)}\,(0 < t < \Delta T_i, \text{在凸輪輪廓曲率變化小時}) \end{cases}$$
$$\tag{5-9}$$

根據上面的分析，可以得到直接速度優化的計算過程圖如圖 5-6 所示。此方法在工程實踐中，能夠簡單而快速地優化凸輪加工過程中的速度，進而提高凸輪磨削的加工精度和加工效率。

通過上述直接速度優化參數的選擇及直接速度優化的計算過程圖可以發現，在直接速度優化的過程中，有以下特點。

① 當磨削加工凸輪各個區域時，可以簡單、快速地對各磨削點進行降速和升速，能夠保證各磨削點的速度 V_i、加速度 a_i 及加速度變化率 J_i 在凸輪磨床的控制系統要求之內，有效提高加工過程中的磨削精度和生產效率。

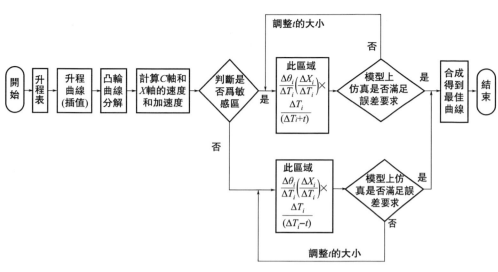

圖 5-6　直接速度優化的計算過程圖

② 在直接速度優化的過程中，簡單地對各磨削點進行降速能夠明顯地減小凸輪的輪廓誤差。由於演算法中的參數主要是根據技術人員的經驗獲得的，可能會對凸輪輪廓的表面品質造成一定影響。

（2）S型加減速控制

由於凸輪輪廓曲線的特殊性和複雜性，使得在工件磨削加工的過程中，要求砂輪饋送軸（X 軸）在敏感區（凸輪輪廓中曲率變化較大的區域）的運動規律既要滿足機床的控制系統要求，又能夠在極短的時間內做到瞬時加減速。為此，對此軸的運動規律進行近似演算法。

通過分析，數控凸輪磨床在凸輪輪廓曲率變化較大的區域進行磨削時，砂輪饋送軸（X 軸）在兩相鄰磨削點之間的速度變化曲線形狀可以近似為 S 曲線，如圖 5-7(a) 所示；加速度變化曲線可近似為圖 5-7(b)；加速度變化率（加加速度）變化曲線可以近似為圖 5-7(c)。

根據兩磨削點之間的速度變化的關係，能夠得到兩磨削點之間的速度與加速度和加加速度的關係如式(5-10) 所示。

$$V_{i+1} = V_i + \int_0^{\frac{T_i}{2}} (a_{i+1} + J_{i+1}t)\mathrm{d}t + \int_{\frac{T_i}{2}}^{T_i} \left(a_i + \frac{J_{i+1}T_i}{2} - J_{i+1}t\right)\mathrm{d}t \quad (5\text{-}10)$$

解方程得到：

$$T_i = \frac{2\left(-a_{i+1} + \sqrt{a_{i+1}^2 + 2J_i(V_{i+1} - V_i)}\right)}{J_i} \quad (5\text{-}11)$$

控制系統要求：

$$|a_i| \leqslant A_{x\_max}, |J_i| \leqslant J_{x\_max} \qquad (5\text{-}12)$$

式中，A_{x_max} 和 J_{x_max} 分別是控制系統本身所允許的最大加速度和最大加加速度。

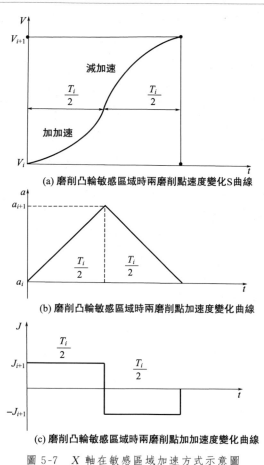

(a) 磨削凸輪敏感區域時兩磨削點速度變化S曲線

(b) 磨削凸輪敏感區域時兩磨削點加速度變化曲線

(c) 磨削凸輪敏感區域時兩磨削點加加速度變化曲線

圖 5-7　X 軸在敏感區域加速方式示意圖

通過上述方法能夠得到系統允許磨削兩點時最大時間差 T_{x_max}：

$$T_{x\_max} = \frac{2(-A_{x\_max} + \sqrt{A_{x\_max}^2 + 2J_{x\_max}\Delta V_{max}})}{J_{x\_max}} \qquad (5\text{-}13)$$

式中，$\Delta V_{max} = |V_{i+1} - V_i|_{max}$。

通過上述分析，我們可以在磨削過程中限定兩磨削點的最大磨削時間達到優化效果。另外，我們可以在凸輪曲率變化小的區域加快凸輪磨削速度。S型加減速優化的計算過程圖如圖 5-8 所示。

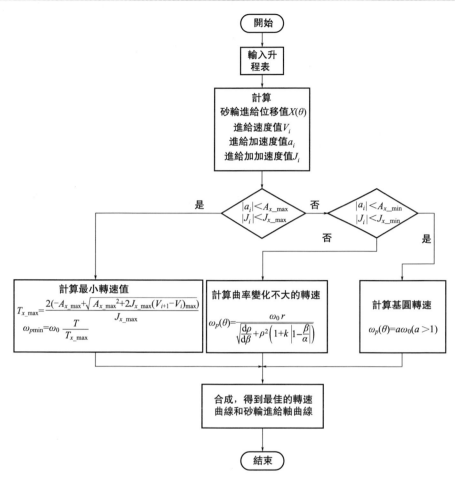

圖 5-8　S 型加減速優化的計算過程圖

　　通過上述 S 型加減速的控制的介紹，可以發現此速度優化演算法在凸輪磨削過程中的特點。根據凸輪磨床的控制系統的要求，S 型加減速的控制能夠最大限度地優化凸輪輪廓上敏感區域上兩磨削點的時間差。與直接速度優化演算法相比，充分地利用了數控凸輪磨床固有的機械特性，在一定程度上能夠提高凸輪磨削的效率。另外，與直接速度優化相同，其優化過程中可能會對凸輪輪廓的表面品質造成一定影響。

　　搭建完 C、X 軸的伺服系統模型後，要確定速度優化的凸輪的各個參數。這裡採用的從動件為滾輪，其半徑為 8mm；凸輪基圓半徑為 19mm；砂輪半徑為 18mm；升程表由長春第一機床廠有限公司提供，見表 5-1。

表 5-1　凸輪部分角度和對應的升程

角度/(°)	升程/mm	角度/(°)	升程/mm	角度/(°)	升程/mm	角度/(°)	升程/mm	角度/(°)	升程/mm	角度/(°)	升程/mm
10	0.0003	40	1.2632	70	7.0261	100	7.9492	130	3.4737	160	0.0695
11	0.0017	41	1.4478	71	7.1453	101	7.8841	131	3.2455	161	0.0571
12	0.0044	42	1.6474	72	7.2586	102	7.8129	132	3.0163	162	0.0460
13	0.0083	43	1.8601	73	7.3660	103	7.7356	133	2.7862	163	0.0360
14	0.0134	44	2.0911	74	7.4674	104	7.6522	134	2.5553	164	0.0273
15	0.0197	45	2.3235	75	7.5628	105	7.5628	135	2.3235	165	0.0197
16	0.0273	46	2.5553	76	7.6522	106	7.4674	136	2.0911	166	0.0134
17	0.0360	47	2.7862	77	7.7356	107	7.3660	137	1.8601	167	0.0083
18	0.0460	48	3.0163	78	7.8129	108	7.2586	138	1.6474	168	0.0044
19	0.0571	49	3.2445	79	7.8841	109	7.1453	139	1.4478	169	0.0017
20	0.0695	50	3.4737	80	7.9492	110	7.0261	140	1.2632	170	0.0003
21	0.0830	51	3.7004	81	8.0081	111	6.9011	141	1.0938	171	0.0000
22	0.0978	52	3.9227	82	8.0609	112	6.7702	142	0.9397	172	0.0000
23	0.1137	53	4.1401	83	8.1075	113	6.6335	143	0.8007	...	...
24	0.1308	54	4.3525	84	8.1479	114	6.4911	144	0.6771		
25	0.1491	55	4.5598	85	8.1821	115	6.3431	145	0.5686		
26	0.1686	56	4.7621	86	8.2102	116	6.1893	146	0.4758		
27	0.1892	57	4.9592	87	8.2370	117	6.0300	147	0.3982		
28	0.2110	58	5.1511	88	8.2475	118	5.8651	148	0.3361		
29	0.2340	59	5.3376	89	8.2569	119	5.6947	149	0.2894		
...	...	...	...	...	...	...	...	...	...		

　　根據升程表及反轉法原理，利用 MATLAB 軟體工具計算並仿真得到凸輪的升程曲線和在極座標下的凸輪的理論輪廓曲線，如圖 5-9 所示。從圖中可以直觀地了解凸輪的實際形狀。

　　為了更深一步地驗證速度優化對此類凸輪的優化效果，這裡選定升程表曲線變化較大的凸輪（驗證凸輪）對速度優化演算法進行進一步的驗證，驗證凸輪的部分升程表如表 5-2 所示。

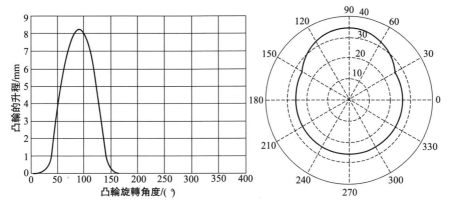

圖 5-9　凸輪升程曲線與極座標下凸輪輪廓線

表 5-2　驗證凸輪部分角度和對應的升程

角度 /(°)	升程 /mm	角度 /(°)	升程 /mm	角度 /(°)	升程 /mm	角度 /(°)	升程 /mm	角度 /(°)	升程 /mm	角度 /(°)	升程 /mm
10	0.4628	40	8.6969	70	17.0000	100	15.8797	130	12.4637	160	7.9975
11	0.5615	41	9.1220	71	17.0000	101	15.7977	131	12.3235	161	7.8478
12	0.6702	42	9.5482	72	17.0000	102	15.7131	132	12.1821	162	7.6986
13	0.7891	43	9.9752	73	17.0000	103	15.6259	133	12.0397	163	7.5500
14	0.9184	44	10.4029	74	16.9984	104	15.6362	134	11.8963	164	7.4019
15	1.0583	45	10.8310	75	16.9937	105	15.4440	135	11.7519	165	7.2545
16	1.2090	46	11.2593	76	16.9858	106	15.3494	136	11.6067	166	7.1077
17	1.3708	47	11.6876	77	16.9747	107	15.2523	137	11.4605	167	6.9617
18	1.5439	48	12.1157	78	16.9605	108	15.1528	138	11.3137	168	6.8165
19	1.7286	49	12.5432	79	16.9432	109	15.0511	139	11.1660	169	6.6720
20	1.9253	50	12.9700	80	16.9227	110	14.9470	140	11.0178	170	6.5284
21	2.1243	51	13.3958	81	16.8991	111	14.8408	141	10.8689	171	6.3856
22	2.3560	52	13.8302	82	16.8724	112	14.7323	142	10.7194	172	6.2438
23	2.5908	53	14.2435	83	16.8426	113	14.6217	143	10.5695	173	6.1030
24	2.8391	54	14.6554	84	16.8097	114	14.5090	144	10.4191	174	5.9631
25	3.1013	55	15.0321	85	16.7737	115	14.3943	145	10.2684	175	5.8243
26	3.3781	56	15.3736	86	16.7346	116	14.2776	146	10.1173	176	5.6865
27	3.6698	57	15.6807	87	16.6926	117	14.1589	147	9.9659	177	5.5499
28	3.9771	58	15.9544	88	16.6475	118	14.0384	148	9.8143	178	5.4144
29	4.3006	59	16.1952	89	16.5994	119	13.9160	149	9.6626	179	5.2801
...	...	...	...	...	...	...	...	...	...	...	...

　　同樣，利用 MATLAB 軟體工具計算並仿真得到驗證凸輪的升程曲線和在極座標下的凸輪輪廓的曲線，如圖 5-10 所示。從圖中可以發現，驗證凸輪的形狀特徵相對前面的凸輪來說要複雜得多。

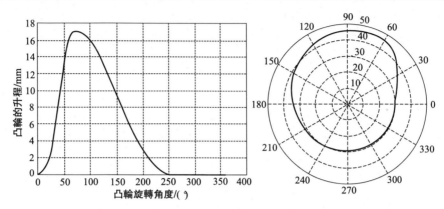

圖 5-10　驗證凸輪升程曲線與極座標下輪廓曲線

　　為此我們限定系統砂輪饋送的速度最大為 $V_{max} = 2.5$mm/s，最大加速度 $a_{max} = 0.12$cm/s^2，最大加加速度為 $J_{max} = 26$cm/s^2。速度優化前的初始磨削狀態為恆角速度磨削。

（1）直接速度優化仿真分析

　　在確定了凸輪數控磨削系統 C 軸、X 軸的仿真模型及仿真參數後，利用 MATLAB 軟體對直接速度優化編寫 M 文件。在凸輪磨削系統 C 軸、X 軸的仿真模型上進行仿真，驗證優化演算法的合理性、有效性。

　　為了說明直接速度優化對凸輪輪廓誤差的改善，這裡從兩單軸的跟隨誤差、速度的變化情況及凸輪的實際輪廓的精度方面對優化演算法進行分析。圖 5-11 是 C 軸、X 軸在直接速度優化前後的跟隨誤差的曲線。

　　從速度優化前後旋轉軸和饋送軸的跟隨誤差曲線可以發現：凸輪進行恆角速度磨削時凸輪旋轉軸（C 軸）的跟隨誤差相對較小，幾乎等於零，且波動很平穩。砂輪饋送軸（X 軸）在曲率變化較大的區域的跟隨誤差較大，在 ±0.3mm 區間裡波動。速度優化後凸輪旋轉軸（C 軸）的跟隨誤差在曲率大的區域（0°～150°）變得比優化前更小，而在基圓區域 150°～360°，跟隨誤差出現了較大的波動，其最大值達到了原來的十幾倍，整體趨勢變化很大。此過程中的砂輪饋送軸（X 軸）在曲率大的區域的跟隨誤差減小到了原來的 1/3，與速度優化前的曲線相比，整體波動變小。

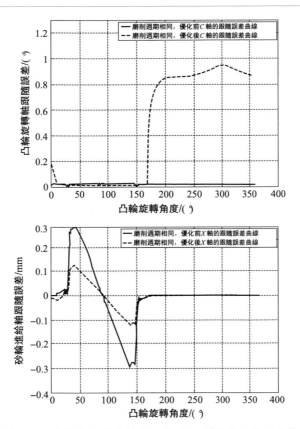

圖 5-11　直接速度優化前後 *C* 軸與 *X* 軸的跟隨誤差曲線

　　接著分析兩軸在速度優化前後的速度曲線的變化，如圖 5-12 所示為 *C* 軸和 *X* 軸在直接速度優化前後的速度曲線。從圖中可以發現 *C* 軸和 *X* 軸的速度曲線和兩軸跟隨誤差曲線的趨勢很相似。這也說明了單軸的速度和跟隨誤差之間的關係，即：單軸磨削速度越大，控制系統的跟隨誤差越大；單軸磨削速度越小，控制系統的跟隨誤差也相對較小。從 *X* 軸的速度曲線中可發現：優化後的最大速度明顯減小，在凸輪敏感區的最大速度為初始恆角速度磨削時速度的 30％，達到了系統最大限定。

　　通過已建立的數控凸輪磨床的仿真平台，輸入直接速度優化後的兩單軸的數據，能夠得到經過仿真平台的實際凸輪輪廓曲線。將此凸輪輪廓曲線與理論輪廓曲線和相同磨削週期恆角速度磨削得到的實際凸輪輪廓曲線進行對比，如圖 5-13所示。對圖 5-13 中三條凸輪輪廓曲線標註部分進行局部放大可以看出：經過速度優化後的凸輪輪廓曲線更接近理論輪廓，也可從實際得到的輪廓誤差的曲線中明顯發現，經過速度優化後的實際凸輪輪廓誤差更小，如圖 5-14 所示。

從圖 5-14 中可以看出，凸輪的輪廓誤差在 35°～150°區間明顯減小。相同的磨削週期時，恆角速度磨削後的輪廓誤差在±0.0235mm 之間。直接速度優化後，凸輪的輪廓誤差的基本趨勢是一樣的，誤差範圍在±0.00895mm 之間，凸輪的輪廓誤差為初始狀態的 38％左右，大大提高了凸輪的加工精度。

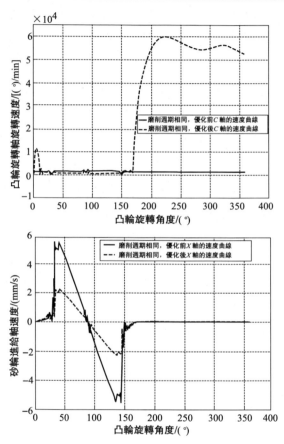

圖 5-12 　直接速度優化前後 C 軸與 X 軸的速度曲線

　　為了充分驗證速度優化的有效性、合理性，這裡對另一個凸輪（驗證凸輪）進行相同的優化，看是否能減小其輪廓誤差，升程表如表 5-2 所示。凸輪理論輪廓曲線見圖 5-10。

　　通過對驗證凸輪進行直接速度優化，將優化後的數據輸入仿真平台得到凸輪的實際輪廓曲線。將得到的曲線與理論輪廓曲線和相同磨削週期恆角速度磨削得到的凸輪輪廓曲線進行對比，如圖 5-15 所示。對圖 5-15 中三條輪廓曲線標註部分進行局部放大，同樣發現優化後得到凸輪輪廓的精度要高於恆角速度磨削得到

的凸輪輪廓。

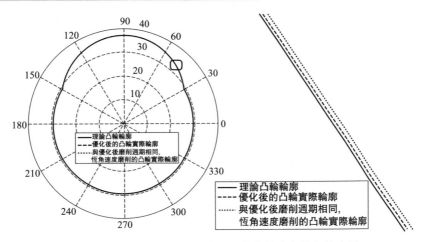

圖 5-13　直接速度優化前後凸輪實際輪廓與局部放大圖

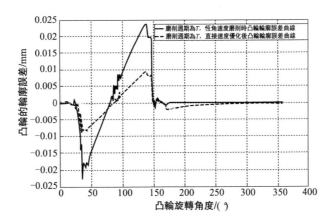

圖 5-14　直接速度優化前後的凸輪輪廓誤差曲線

　　相同磨削週期，恆角速度磨削與速度優化後的輪廓誤差曲線如圖 5-16 所示。從圖 5-16 中可發現，速度優化後，凸輪在 20°～50°、55°～73°、100°～250° 等區域的輪廓誤差都明顯地減小，優化前的恆角速度磨削時的輪廓誤差在 -0.0255～0.017mm 之間，直接速度優化後的輪廓誤差在 -0.01～0.007mm 之間，直接速度優化後的輪廓誤差為恆角速度磨削時輪廓誤差的 39％ 左右，說明優化處理後大大提高了凸輪的加工精度。

　　從兩個不同凸輪直接速度優化前後的輪廓誤差曲線中明顯可以看出，直接速度優化後的輪廓誤差比原始輪廓誤差小得多。這充分說明了直接速度優化對減小

凸輪輪廓誤差的有效性。

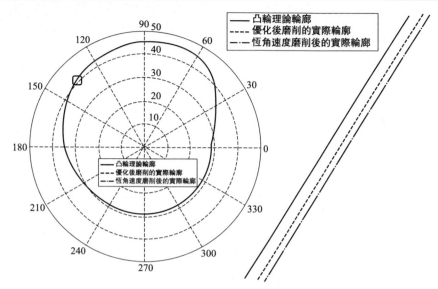

圖 5-15　直接速度優化前後驗證凸輪實際輪廓與局部放大圖

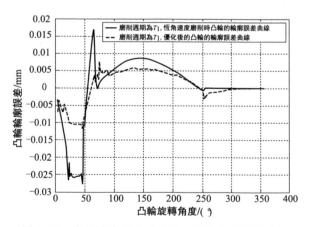

圖 5-16　直接速度優化前後驗證凸輪輪廓誤差曲線

(2) S 型加減速控制仿真分析

　　S 型加減速控制優化的仿真驗證與直接速度優化的方法基本一致，也是根據速度優化前後兩軸的跟隨誤差、速度及得到的凸輪實際輪廓曲線來驗證此速度優化演算法對凸輪加工精度的改善。

　　在 S 型加減速控制優化前後兩單軸的跟隨誤差的曲線和速度曲線如圖 5-17、

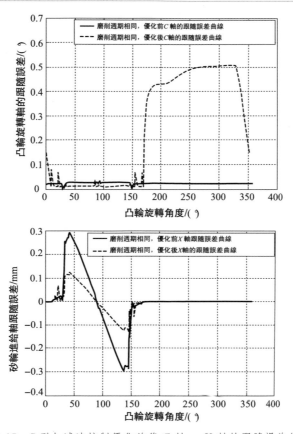

圖 5-17　S 型加減速控制優化前後 C 軸、X 軸的跟隨誤差曲線

圖 5-18 所示。從圖 5-17、圖 5-18 中能夠發現 S 型加減速控制優化前後跟隨誤差和速度曲線的變化趨勢與直接速度優化基本相同，即：在速度優化後，在凸輪曲率變化較大的區域，兩磨削軸的跟隨誤差和速度明顯減小；而在凸輪曲率變化較小的基圓區域，凸輪旋轉的速度明顯變快。對比圖 5-12 和圖 5-18 中 C 軸的速度曲線，磨削週期相同的情況下，S 型加減速控制在基圓區域（150°～360°）的速度要比直接速度優化在此區域的速度要小，大概是直接速度優化在此區域的 50％，說明了 S 型加減速控制能夠充分利用系統的固有性能，提高了加工精度。

　　將速度優化後兩單軸的數據輸入已建立的數控凸輪磨床的仿真平台，輸出後得到凸輪實際輪廓曲線，將此輪廓曲線與理論輪廓曲線及相同磨削週期恆角速度磨削後的輪廓曲線進行對比，如圖 5-19 所示。同樣對圖 5-19 中的曲線標註部分進行局部放大可以發現：S 型加減速控制優化後得到的凸輪的輪廓曲線明顯更接近凸輪的理論輪廓，而相同磨削週期恆角速度磨削後的輪廓曲線距離凸輪的理論

輪廓相對較遠。

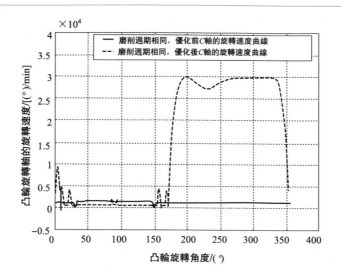

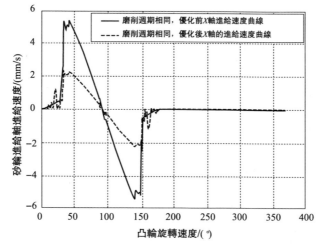

圖 5-18　S 型加減速控制優化前後 C 軸、X 軸的速度曲線

　　對此將恆角速度磨削與 S 型加減速控制優化後的輪廓誤差進行對比，如圖 5-20 所示。從圖 5-20 中也可發現，凸輪的輪廓誤差在 35°～150°區間明顯減小。相同的磨削週期時，恆角速度磨削後的輪廓誤差在±0.0235mm 之間。S 型加減速控制優化後，凸輪的輪廓誤差的基本趨勢是一樣的，誤差範圍在±0.0088mm 之間，優化後的輪廓誤差為初始狀態下輪廓誤差的 38％左右。這說明了 S 型加減速控制優化能夠有效地減小凸輪的輪廓誤差。

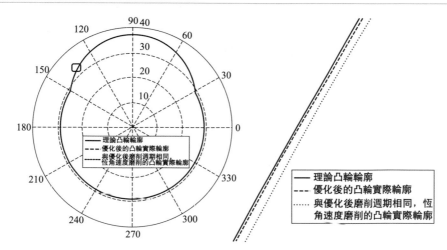

圖 5-19　S型加減速控制優化前後實際輪廓曲線與局部放大圖

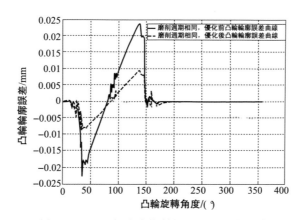

圖 5-20　S型加減速控制優化前後輪廓誤差

　　同樣地，為了更加充分說明此優化演算法的有效性、合理性，這裡對驗證凸輪進行相同的優化，看是否能減小其輪廓誤差。相同磨削週期，恆角速度磨削後與 S 型加減速控制優化後的凸輪輪廓誤差曲線如圖 5-21 所示。從圖 5-21 中可以看出，S 型加減速控制對驗證凸輪進行優化過程中，凸輪在 $20°\sim50°$、$55°\sim73°$、$100°\sim250°$ 等區域的輪廓誤差明顯減小。優化前的恆角速度磨削時的輪廓誤差在 $-0.0255\sim0.017\text{mm}$ 之間，S 型加減速控制後的輪廓誤差在 $-0.017\sim0.005\text{mm}$ 之間，優化後的輪廓誤差為初始狀態下輪廓誤差的 67% 左右，也有效地提高了凸輪輪廓的加工精度。

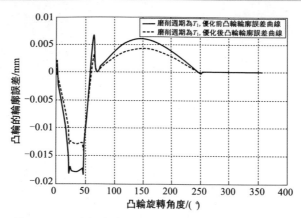

圖 5-21　S 型加減速控制優化前後驗證凸輪輪廓誤差

　　在相同的磨削週期中，從 S 型加減速控制優化的結果來看，S 型加減速控制優化的整體輪廓誤差和直接速度優化的輪廓誤差幾乎差不多。比較直接速度優化與 S 型加減速控制優化中的凸輪旋轉速度曲線，可以發現 S 型加減速控制優化中的基圓區域旋轉速度要比直接速度優化中基圓區域的旋轉速度小。這也說明了 S 型加減速控制優化的特點，能夠充分利用數控凸輪磨床固有的機械特性，在一定程度上能夠提高凸輪磨削的效率。對比 S 型加減速控制優化和直接速度優化對驗證凸輪的處理效果來看，可發現 S 型加減速控制對較複雜的凸輪進行優化時，其優化效果比直接速度優化的效果要差。

5.2　凸輪形位誤差的直接補償

　　在加工完成一輪凸輪磨削件後，為了檢驗成品凸輪是否符合要求，都要對所磨削凸輪進行輪廓檢測。這一檢測過程稱為凸輪的輪廓檢測[5,6]。在每一個型號凸輪磨削前都會先得到這一磨削型號凸輪的理論升程，也叫標準升程，即每一角度 ω_n 都會有一個與之對應的在轉角轉到該角度時的理論升程值 h_n。其中 $0 \leqslant n \leqslant 360$ 且 $n \in Z$，$h_0 = h_{360}$。得到成品凸輪後對凸輪輪廓進行測量並計算出凸輪相位差，之後對測量數據重新進行調整和數據擬合[7]，得到凸輪在每個轉角 ω_n 和在這一轉角的實際升程值 y_n。同樣：$0 \leqslant n \leqslant 360$ 且 $n \in Z$，$y_0 = y_{360}$。得到了這樣的兩組數據後，就可以得到凸輪的升程誤差。研究成品凸輪合格與否是以凸輪的升程誤差為研究對象的，因為成品凸輪的升程誤差具有普遍性和代表性，凸輪在每個轉角下的升程誤差可以定量地表示為：升程誤差值＝實際升程（測得

值）－理論升程值（真值）[8]。用符號表示：

$$\Delta_n = y_n - h_n \tag{5-14}$$

式中，Δ_n 為轉角轉到某一角度 ω_n 時的升程誤差，它的大小表示此次測得值對真值的不符合程度[9]。另外，還應該從以下幾個方面理解升程誤差的含義：①升程誤差 Δ_n 恆不等於零，根據誤差的必然性原理，不管主觀願望如何，以及在測量時怎樣努力或者測量設備如何精準，實際上誤差總是要產生的，升程誤差也是如此，不管怎樣改善磨削設備的精度，升程誤差都是必然存在的。而且升程誤差不可能等於零，就像測量電量時誤差不可能小於一個電子所帶的電量一樣，測量升程時誤差不可能小於規定的材料分子的尺寸。②在轉角為不同角度 ω_n 下所得的升程誤差之間一般是不相等的，即升程誤差具有不確定性。若在測量中出現升程誤差大面積相等，可能是測量儀器的解析度太低的緣故。通過上述方法的應用，可以在實際工程中粗略地實現凸輪輪廓形位誤差的直接補償。

針對圖 5-10 所示凸輪，採用本章所述速度優化和誤差補償方法進行磨削加工，圖 5-22 為測量報告截圖。

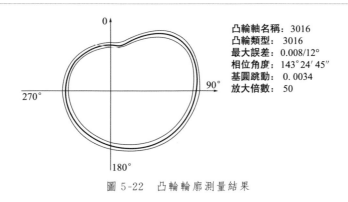

凸輪軸名稱： 3016
凸輪類型： 3016
最大誤差： 0.008/12°
相位角度： 143°24′45″
基圓跳動： 0.0034
放大倍數： 50

圖 5-22　凸輪輪廓測量結果

參考文獻

[1]　劉興富．凸輪測量測頭轉換及當量升程表計算方法［J］．製造技術與機床，2002（1）：21-23.

[2]　陳世平，李青鋒，石軍．凸輪軸磨削誤差及補償分析［J］．重慶理工大學學報，2011，25（2）：26-28.

[3]　劉世平，杜旭東．凸輪軸磨削加工速度優化及其自動數控編程研究［J］．河南科技，2016（1）：100-102.

[4]　曹德芳，鄧朝暉，劉偉，等．凸輪軸磨削加工速度優化調節與自動數控編程研究［J］．中國機械工程，2012，23（18）：2149-2155.

[5]　葛榮雨，馮顯英，王慶松．弧面凸輪廓面非等徑加工的刀位控制方法［J］．農業機械學報，2010，41（9）：223-226.

[6]　李啓光，韓秋實，彭寶營，等．凸輪廓形誤差力位融合預測與補償控制研究［J］．機械設計與製造，2014（8）：264-267.

[7]　羅善明，郭迎福．凸輪式傳動誤差補償機構的模擬設計［J］．機械科學與技術，2002，19（1）：43-45.

[8]　劉興富．凸輪升程誤差測量數據處理方法的改進［J］．計量技術，2007（2）：68-71.

[9]　何有鈞，鄒慧君，郭為忠，等．空間凸輪刀位補償加工方式中理論加工誤差的研究［J］．中國機械工程，2001，12（9）：997-999.

第6章

凸輪磨削的數學建模

一個工件凸輪片的加工要經過多道工序：車削、銑削、鑽、粗磨、精磨等。數控凸輪軸磨床的總體結構如圖 6-1 所示，C 軸是工件凸輪旋轉運動的主軸，X 軸是砂輪架做橫向往復運動的饋送軸，凸輪輪廓曲線是靠砂輪架水平往復饋送運動與工件主軸旋轉運動而合成的。三個軸的運動控制由工控電腦來實現，給定的加工凸輪相關參數通過工控電腦的人機對話方式將其輸入磨削系統中。根據砂輪中心點軌跡與凸輪旋轉角度的關係，電腦就可得出 C 軸和 X 軸的運動規律，進一步向兩個軸的驅動電機控制器發出運動指令，並在每個單軸的回饋通道中加入編碼器作為回饋元件，使每個單軸系統形成半閉環控制。其中，磨削饋送量由砂輪的往復運動決定，凸輪軸上各個凸輪片的磨削由 Z 軸的移動來實現[1,2]。X 軸和 C 軸的追蹤精度直接影響了凸輪的磨削精度[3]。

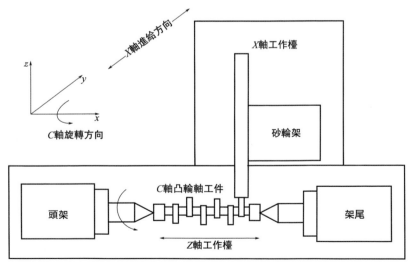

圖 6-1　凸輪軸磨床的總體結構

兩個軸的主要控制部分是在伺服系統的控制上，通常是通過兩個軸的追蹤精度、兩軸的靜態及動態特性來判斷伺服系統的好壞。在凸輪加工過程中，由於給定凸輪的輪廓曲線具有特殊及複雜的特性，工件旋轉軸和砂輪饋送軸都會有速度

變化、變向、瞬時啟停等現象出現。這就需要兩個軸的伺服系統為旋轉運動和饋送運動的速度、加速度以及追蹤定位的精度提供保障，而且還要保證使其對指令信號有較好的動態響應特性。但在實際磨削系統中，伺服馬達的靜態和動態特性都很難滿足以上要求，在機械環節存在的非線性因素都會導致追蹤性能下降，而且在凸輪片的精磨狀態下，兩個軸在一個週期內重複執行相同的命令，這也必然會引起重複性的誤差，從而會造成凸輪輪廓誤差的最終產生。這就要求提高在伺服系統建模過程中的準確性以及控制精度。

6.1　機床各軸驅動動力學模型

6.1.1　X 軸機械驅動數學模型

某一時刻提前設定的砂輪饋送位移作為砂輪饋送軸（X 軸）的輸入，該時刻砂輪的實際饋送位移即為輸出。在建立 X 軸整個的閉環傳遞函數模型之前，首先要考慮砂輪饋送軸機械驅動環節的數學模型。圖 6-2 所示為砂輪機械驅動環節運動示意圖。

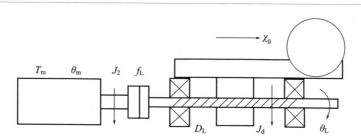

圖 6-2　砂輪機械驅動環節運動示意圖

為了實現對驅動機構分析的簡單化，假設系統的質量集中於一點，故根據力矩平衡方程有：

$$T_{m} = J_{d}\frac{d^{2}\theta_{L}}{dt^{2}} + f_{L}\frac{d\theta_{L}}{dt} + D_{L} \tag{6-1}$$

再根據伺服馬達轉子與絲槓的彈性形變，可列出方程如下：

$$T_{m} = k(\theta_{m} - \theta_{L}) \tag{6-2}$$

對式（6-1）和式（6-2）分別進行拉普拉斯變換，可得：

$$\begin{cases} T_m(s) = J_d s^2 \theta_L(s) + f_L s \theta_L(s) + D_L(s) \\ T_m(s) = k[\theta_m(s) - \theta_L(s)] \end{cases} \qquad (6\text{-}3)$$

整理後可得：

$$\theta_L(s) = \frac{k\theta_m(s) - D_L(s)}{J_d s^2 + f_L s + k} \qquad (6\text{-}4)$$

其中，各個符號的詳細物理意義如表 6-1 所示。

表 6-1　符號物理意義 SS〗（X 軸）

符號	物理意義
T_m	電機的輸出轉矩
θ_m	輸入角位移
D_L	摩擦力等效負載轉矩
J_2	電機軸的轉動慣量
l	絲槓導程
J_d	絲槓慣量和轉子慣量等效轉動慣量
χ_0	砂輪的水平直線位移
θ_L	輸出角位移
B_L	系統的等效阻尼
f_L	等效摩擦係數

6.1.2　C 軸機械驅動數學模型

作為凸輪旋轉軸的 C 軸，用某一時刻設置的凸輪轉角作為其輸入，該時刻凸輪片的實際轉角為輸出[4]。在建立 C 軸整個的閉環傳遞函數模型之前，工件旋轉軸的機械驅動環節的數學模型[5]需要首先被考慮。如圖 6-3 所示為工件旋轉軸機械驅動環節運動示意圖。

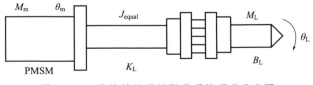

圖 6-3　工件旋轉軸機械驅動環節運動示意圖

圖 6-3 中，各個符號的詳細物理意義如表 6-2 所示。

表 6-2　符號物理意義 SS〗（C 軸）

符號	物理意義
M_L	所有的切削力與摩擦力等效的負載轉矩
M_m	電機轉子等效的輸出轉矩
K_L	等效扭轉剛度
B_L	系統的等效阻尼
J_{equal}	一個等效轉動慣量（執行機構折算到轉子軸上的）
J_d	轉子慣量和絲槓慣量的等效轉動慣量
θ_m	輸入角位移
θ_L	輸出角位移

由力矩平衡方程可得：

$$J_{equal}\frac{\mathrm{d}^2\theta_L}{\mathrm{d}t^2} + B_L\frac{\mathrm{d}\theta_L}{\mathrm{d}t} + M_L = M_m \tag{6-5}$$

在彈簧的線性變化範圍之內可得：

$$M_m = K_L(\theta_m - \theta_L) \tag{6-6}$$

對式（6-5）和式（6-6）兩端分別進行拉普拉斯變換，可得：

$$J_{equal}s^2\theta_L(s) + B_Ls\theta_L(s) + M_L = M_m(s)$$

$$K_L[\theta_m(s) - \theta_L(s)] = M_m(s)$$

對 C 軸機械驅動機構傳遞函數數學模型進行化簡，可得：

$$\theta_L(s) = \frac{K_L\theta_m(s) - M_L}{J_{equal}s^2 + B_Ls + K_L} \tag{6-7}$$

由式（6-7）可知，這是一個非線性環節。

6.1.3　X 軸和 C 軸的非線性因素機理分析

在上兩小節中，兩個軸的機械環節模型[6]的建立都考慮到了摩擦力非線性因素。摩擦力可以認為由黏性摩擦、靜態摩擦和庫倫（Coulomb）摩擦三種類型組合而成[7]。黏性摩擦力的特性從機理上分析可以說是線性摩擦力，所以將其歸到系統的整體阻尼特性中進行解決；靜態摩擦力在實際系統中作用效應較小，因此可在非線性模型建立中對其忽略不計。總結上述分析，摩擦力的非線性研究可以集中在庫倫摩擦部分。庫倫摩擦的模型一般將角速度作為輸入，輸出為力矩的函數，如圖 6-4 所示。摩擦力特性函數表達如下[8]：

$$F_f(\dot{u}) = a\,\mathrm{sign}(\dot{u}) \tag{6-8}$$

可以用斯特裡貝克（Stribeck）曲線描述該摩擦與速度的關係，如圖 6-5 所示。函數表達如下：

$$F_f(\dot{u}) = a_0 \operatorname{sign}(\dot{u}) + a_1 e^{-a_2|\dot{u}|} \operatorname{sign}(\dot{u}) \qquad (6\text{-}9)$$

式中，$\operatorname{sign}(\dot{u}) = \begin{cases} 1 & \dot{u} > 0 \\ 0 & \dot{u} = 0 \\ -1 & \dot{u} < 0 \end{cases}$。

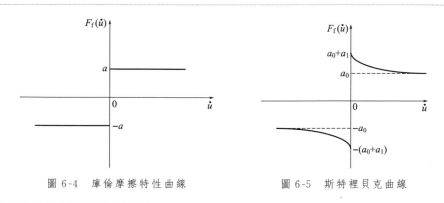

圖 6-4 庫倫摩擦特性曲線 　　　圖 6-5 斯特裡貝克曲線

但實際上，速度過零時，若力矩與運動方向相反，則認為是小於理論摩擦力矩的。所以當速度偏低時，摩擦力矩與運動速度的關係則與傳統摩擦力模型不同，所以式(6-8) 更適合描述速度較高的情況下的系統摩擦力特性，但在速度過零時精度便不足。考慮到在速度較低時的角度追蹤伺服系統轉軸摩擦力，靜態摩擦過渡到動態摩擦的特性及摩擦力矩的漸進特性，本節可以用更通用的泛化函數來描述庫倫摩擦力矩和角速度的關係，如圖 6-6 所示，其表達式如下：

$$F_f(\dot{u}) = (a_0 + a_1 e^{-a_2|\dot{u}|})\operatorname{sign1}(\dot{u}) + (a_3 + a_4 e^{-a_5|\dot{u}|})\operatorname{sign2}(\dot{u}) \qquad (6\text{-}10)$$

式中，$\operatorname{sign1}(\dot{u}) = \begin{cases} 1 & \dot{u} \geq 0 \\ 0 & \dot{u} < 0 \end{cases}$，$\operatorname{sign2}(\dot{u}) = \begin{cases} 0 & \dot{u} \geq 0 \\ -1 & \dot{u} < 0 \end{cases}$。

除上述提到的摩擦外，通常死區也屬於機械系統中很常見的非線性因素，常以圖 6-7 的形式來表示理想的死區特性，描述的是在輸入低信號下的典型輸出信號。這種非線性特性通常出現在當前旋轉系統電樞電壓為零附近。尤其當輸入電樞電壓有過零的情況下便會出現「停滯」現象。這種現象通常是機械系統停止運行後，因為無法及時響應輸入信號而帶來的後果，同時也是庫倫摩擦起作用的效果。

死區特性函數為：

$$F_d(u) = \begin{cases} u + b_2, & u \leqslant -b_2 \\ 0, & -b_2 \leqslant u \leqslant b_1 \\ u - b_1, & u \geqslant b_1 \end{cases} \qquad (6\text{-}11)$$

這些非線性特性經常會出現在各種機械驅動結構上，故基本上純線性系統很少見，大部分都是非線性系統。

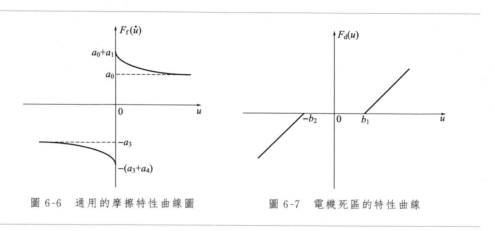

圖 6-6　通用的摩擦特性曲線圖　　　圖 6-7　電機死區的特性曲線

6.2　多軸聯動控制系統數學模型

由於凸輪輪廓的磨削成形是靠工件主軸的轉動和砂輪架饋送的兩軸聯動來完成的，因此根據凸輪升程表建立凸輪輪廓以及砂輪中心點軌跡的數學表達式，找出砂輪架的饋送量 D 和工件主軸轉角 C 之間的關係（也就是建立通用數學模型）是急待解決的問題[9,10]。

當進行凸輪數控磨削時，凸輪的輪廓形狀往往是以升程表的形式給出的[11]，由於二者之間可互相轉化（採用三次雲規曲線進行擬合即可），故在這裡我們就以凸輪輪廓的關係式加以討論。

凸輪的升程表包含了推桿轉角、升程、對應的推桿種類及偏距，因此為了找到砂輪架中心位移與工件主軸角度之間的關係，就必須在砂輪架的中心座標與凸輪升程、推桿轉角以及主軸旋轉角度之間建立起數學關係。

要想清晰明了地建立二者之間的關係，就必須找到一個合適的方法，將二者的動態關係以幾何分析的形式描述出來。實踐證明，反轉法是目前應用最為廣泛的方法，其原理為：使整個機構以角速度($-\omega$)繞 O 點轉動，其結果是從動件與凸輪的相對運動並不改變，但凸輪固定不動，機架和從動件一方面以角速度

$(-\omega)$ 繞 O 點轉動，另一方面從動件又以原有運動規律相對機架往復運動。根據這種關係，不難求出一系列從動件尖底的位置[12]。由於尖底始終與凸輪輪廓接觸，所以反轉後尖底的運動軌跡就是凸輪輪廓曲線。

前面已經提到，按凸輪從動件的形狀可分為尖頂從動件、滾輪從動件、平底從動件。對於不同的從動件，凸輪輪廓以及砂輪架中心軌跡的數學模型是不同的，因此，下面就應用反轉法對它們分別予以討論。

6.2.1 對心直動尖頂從動件盤形凸輪

在圖 6-8 中，假定凸輪不動，那麼根據反轉法可知，從動件就以 $-\omega$ 的速度反向旋轉。已知凸輪輪廓基圓半徑為 r，O_1 是基圓圓心，A 為磨削點，其座標為 (x, y)，某一時刻導桿轉角為 θ。建立如圖 6-8 所示的座標系，過磨削點 A 作 x 軸的垂線，交 x 軸於點 B，此時 $\theta = \angle AO_1B$，$s(\theta)$ 為給定數據中的升程。那麼在 $\triangle AO_1B$ 中可建立 A 點的座標關係式，即 $\begin{cases} x = (r + s(\theta))\sin\theta \\ y = (r + s(\theta))\cos\theta \end{cases}$，也就是凸輪輪廓的座標表示。

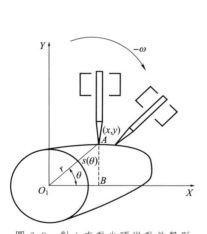

圖 6-8 對心直動尖頂從動件盤形
凸輪輪廓示意圖

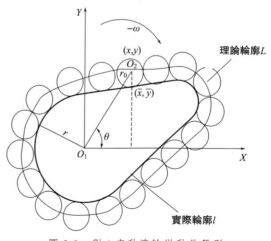

圖 6-9 對心直動滾輪從動件盤形
凸輪輪廓示意圖

6.2.2 對心直動滾輪從動件盤形凸輪

對於滾輪從動件而言，根據反轉法，將滾輪中心點用一條平滑的曲線連接起來，可得到如圖 6-9 所示的凸輪輪廓曲線。容易知道，L 是理論上的凸輪輪廓，

實際的凸輪輪廓曲線 l 是與 L 間距為 r_0 的等距曲線。圖 6-9 中，O_1 為基圓圓心，O_2 為滾輪圓心〔座標是（x，y）〕，r 為基圓半徑，r_0 為滾輪半徑。如果把滾輪中心看作尖頂從動件的尖頂，那麼理論輪廓 L 和以尖頂導桿作為從動件中凸輪輪廓的計算方式是一樣的，即 $\begin{cases} x=(r+r_0+s(\theta))\cos\theta \\ y=(r+r_0+s(\theta))\sin\theta \end{cases}$，單位法矢量為

$$\begin{cases} \boldsymbol{V}_x = \dfrac{dy/d\theta}{\sqrt{(dx/d\theta)^2+(dy/d\theta)^2}} \\ \boldsymbol{V}_y = \dfrac{-dx/d\theta}{\sqrt{(dx/d\theta)^2+(dy/d\theta)^2}} \end{cases}，那麼凸輪實際輪廓便是 \begin{cases} \bar{x}=x-r_0\boldsymbol{V}_x \\ \bar{y}=y-r_0\boldsymbol{V}_y \end{cases}。$$

6.2.3 對心直動平底從動件盤形凸輪

如圖 6-10 所示的是對心直動平底從動件盤形凸輪輪廓曲線。從動件與凸輪間的作用力方向不變，受力平穩，而且在高速情況下，凸輪與平底間易形成油膜而減小摩擦與磨損。圖 6-10 中，O_1 是基圓圓心，r 為基圓半徑，θ 為平底從動件轉角，過點 B 向 X 軸作垂線，交 X 軸於點 D。根據幾何關係，點 B 的座標為 $\begin{cases} B_x=(r+s(\theta))\cos\theta \\ B_y=(r+s(\theta))\sin\theta \end{cases}$，根據反轉法作平底直線族的內包絡線，依據幾何關係求得凸輪輪廓的座標表達式為：$\begin{cases} x=(r+s(\theta))\cos\theta-(ds/d\theta)\sin\theta \\ y=(r+s(\theta))\sin\theta+(ds/d\theta)\cos\theta \end{cases}$。

6.2.4 砂輪位置與凸輪轉角通用數學模型

設計好凸輪輪廓之後，就可以確定砂輪中心點的軌跡方程，進而建立砂輪饋送量和凸輪轉角的數學模型。前面已經討論了偏心圓方式下砂輪中心點軌跡，凸輪轉角以及砂輪饋送量，由於當導桿為尖頂、滾輪以及平頂時求法一致，下面僅給出統一的求解方法。

如圖 6-11 所示，O_1 是凸輪基圓圓心，O_2 為砂輪中心，θ 為從動件轉角，ϕ 為凸輪轉角，C 是磨削點，其座標已經求出。假設凸輪不轉，那麼砂輪中心點所走過的路徑是與凸輪基圓圓心間距為 R 的等距曲線。

C 點的單位法矢量為 $\begin{cases} \boldsymbol{V}_x = \dfrac{dy/d\theta}{\sqrt{(dx/d\theta)^2+(dy/d\theta)^2}} \\ \boldsymbol{V}_y = \dfrac{-dx/d\theta}{\sqrt{(dx/d\theta)^2+(dy/d\theta)^2}} \end{cases}$，那麼砂輪中心點的軌

跡座標就是 $\begin{cases} X=x+R\boldsymbol{V}_x \\ Y=y+R\boldsymbol{V}_y \end{cases}$，砂輪饋送量為 O_1O_2 的距離，即 $D=\sqrt{X^2+Y^2}$，凸

輪轉角 $\phi = \arctan \dfrac{Y}{X}$，如此就建立了砂輪位置與凸輪轉角之間的對應數學關係。

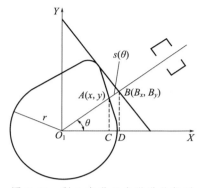

圖 6-10　對心直動平底從動件盤形
凸輪輪廓示意圖

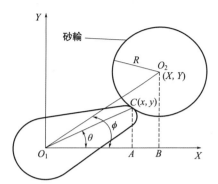

圖 6-11　凸輪和砂輪位置關係圖

參考文獻

[1]　韓秋實，王紅軍．基於 PC 的無靠模數控凸輪軸磨床[J]．北京機械工業學院學報，1998, 13 (4)：13-17.

[2]　李大衛．基於同步滯後的凸輪磨削算法研究[D]．長春：吉林大學，2014.

[3]　夏復一，許黎明，胡德金，等．杯形砂輪精密磨削旋轉內拋物面的數學建模[J]．機械製造，2016, 54 (7)：85-87.

[4]　劉艷銳，孫福田．圓柱體砂輪磨削加工特殊外表面光滑母線工件的數學建模及仿真[J]．工程數學學報，2012 (6)：815-823.

[5]　張之紅，張淑玲．特殊工件磨削加工的數學建模[J]．佳木斯職業學院學報，2012 (3)：410-411.

[6]　孫克己．曲軸切點跟蹤隨動磨削的運動學原理分析[J]．精密製造與自動化，2014 (2)：21-24.

[7]　KARA T, EKER İ．Nonlinear modeling and identification of a DC motor for bidirectional operation with real time experiments [J]．Energy Conversion & Management, 2004, 45 (7-8)：1087-1106.

[8]　張倩．伺服轉臺的非線性建模方法與控制策略研究[D]．合肥：安徽大學，2014.

[9]　郭福坤，張勤．五軸數控系統聯動控制方法研究[J]．機械設計與製造，2010 (3)：148-150.

[10]　王新榮，王萍，劉新柱．空間曲面線切割多軸聯動加工系統開發及應用[J]．製造技術與機床，2012 (2)：86-88.

[11]　劉偉，簡毅，張建飛．三稜形磨床開放式數控系統軟件開發研究[J]. 製造技術與機床，2009 (6)：34-37.

[12]　姚嘉梁．多軸聯動控制動態仿真及測試[D]. 長春：中國科學院研究生院（長春光學精密機械與物理研究所），2010

第7章

基於Cycle-to-Cycle回饋控制的輪廓補償

7.1 Cycle-to-Cycle 的原理

7.1.1 CTC 回饋控制概念

  Cycle-to-Cycle（簡稱 CTC），是由麻省理工大學的 Hard D Ed 等人[1] 提出的，主要控制思想為將每次加工過程看成是一個週期，在每個加工週期後進行測量，通過當前週期最終輸出的資訊來回饋到下一個週期。即在逐次循環的過程中利用上一個週期的磨削資訊來指導本週期的磨削過程。回饋控制[2,3] 是製造過程的一種控制方法，在每個加工週期之後進行測量，使用生產過程的輸出進行回饋，通過當前週期最終輸出的資訊來回饋到下一個週期中，用來提高生產過程的輸出品質。圖 7-1 即為 CTC 離散控制系統的實現結構圖。

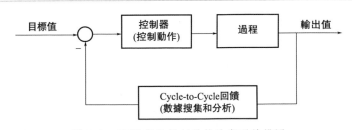

圖 7-1　CTC 離散控制系統的實現結構圖

  作為一種提升生產過程品質的手段，CTC 顯著的優勢包括系統的控制策略[4]，即不需要人在經驗理論基礎上作主觀決策以及對控制性能的預測。CTC 回饋控制的框架能夠通過控制加工的輸出滿足下一代製造設備高產量、高品質的要求，而不是依靠控制機器的狀態。依照此理念，同樣可以解決凸輪磨削過程中手動補償的問題，使凸輪片磨削一個週期（360°）的結果作為下一個磨削週期的一個參考。

7.1.2　CTC 過程控制模型

CTC 過程控制模型[5]的建立是基於對一個過程結束之後的輸出進行採樣，憑輸出結果得到一個過程模型。例如，假設一個典型的離散零件製造過程開始於一個新的工件，並且在週而復始的循環中能夠利用前一個工件的資訊定向地應用於下一個工件，然後在一個循環的結束時可以定義過程瞬態超調，而不是在工件過程中發生任何改變。這樣便可以建立一個簡單的增益模型，其中的增益模型可使一個或者多個輸入與可測量輸出有關。由於控制輸入是在循環開始時，但工件的測量發生在整個循環結束之後，所以至少有一個循環週期的延遲，如若考慮測量過程則會有更多的延時。過程模型可寫為：

$$y_k = K_p u_{k-1} \tag{7-1}$$

式中，y_k 為當前過程的輸出，K_p 為增益模型；u_{k-1} 為上一個循環的控制輸入。此模型表明在每個循環結束時進行觀察就不會有明顯的動態變化（但並不是沒有延時）。

其中關鍵的控制問題是過程增益事實上是隨機的，它取決於在加工過程中機器操作的隨機變化，同時，材料和機器的更換也會使其發生一些確定的變化。

因此，此模型必須擴充，使之包括隨機的成分。可是，由於可變增益的閉環系統分析的困難性，特別是如果它們是隨機的，則附加性噪音便可等價於此效果。過程模型變為如下形式：

$$y_k = K_p u_{k-1} + d_k \tag{7-2}$$

式中，d_k 是噪音序列，它們有可能相關或者不相關。如果將此系統用 Z 變化表示，則方程式如下：

$$Y(z) = K_p Z^{-1} U(z) + D(z) \tag{7-3}$$

7.2　CTC 在凸輪磨削中的應用

本節提出基於 CTC 的雙層優化輪廓曲線誤差控制[6,7]，將傳統控制作為內層，外層利用 CTC 進行優化。雙層互相作用，內層作為外層的回饋，外層作為內層的指導，且兩層的目標函數一致。雙層優化控制結構如圖 7-2 所示。

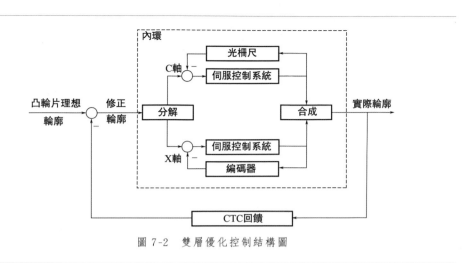

圖 7-2 雙層優化控制結構圖

7.2.1 基於 CTC 優化的雙層輪廓誤差補償演算法

一個週期重複批量生產加工系統，可描述為：

$$\begin{cases} x_k(t+1) = \mathbf{A}x_k(t) + \mathbf{B}u_k(t) \\ y_k(t) = \mathbf{C}x_k(t) \end{cases} \tag{7-4}$$

式中，$x_{k+1}(0) = x_k(T)$，$t = 0, 1, \cdots, T-1$，$k = 1, 2, \cdots$，t 代表不同的時間步長，T 是每一批次的週期值，k 是循環次數；$x \in \mathbf{R}$，$u \in \mathbf{R}$ 和 $y \in \mathbf{R}$ 分別代表狀態變數，控制輸入和輸出；$\mathbf{A}$、$\mathbf{B}$ 和 $\mathbf{C}$ 分別為 $n \times n$、$n \times 1$ 和 $1 \times n$ 維繫統矩陣。設計目標是基於給出的測量資訊為給定值 $r(t)$ 找到合適的控制輸入值 $u_k(t)$。即考慮如下帶有約束的優化問題：

$$\min_{u_k(t)} \sum_{t=0}^{T-1} \left\| y_k(t) - r(t) \right\|_{\mathbf{Q}}^2 \tag{7-5}$$

$$y_{\min}(t) \leqslant y_k(t) \leqslant y_{\max}(t) \tag{7-6}$$

$$u_{\min}(t) \leqslant u_k(t) \leqslant u_{\max}(t) \tag{7-7}$$

$$-\Delta u_{\max}(t) \leqslant \Delta u_k(t) \leqslant \Delta u_{\max}(t) \tag{7-8}$$

式中，$r(t)$ 為給定目標值，$\mathbf{Q}$ 為矩陣；$\Delta u_k = u_k - u_{k-1}$。

外層：為了解決模型不匹配和約束變化的問題，在外層優化中採用基於約束自適應的 CTC 控制，外層的優化主要依靠週期結束後的輪廓曲線測量。為了達到規定的近特性，並同時實現良好的瞬態性能，選取的合理的目標優化方案為

$$\min_{\Delta u_k} \sum_{k=0}^{\infty} \left\{ \left\| \mathbf{y}_k - r(t) \right\|_{\mathbf{Q}}^2 + \left\| \Delta \mathbf{u}_k \right\|_{\mathbf{R}}^2 \right\} \tag{7-9}$$

並採用 CTC 控制模型：

$$y_k = G_p u_{k-1} + d_k \tag{7-10}$$

其中，$y_k = \begin{bmatrix} y_k(0) \\ \vdots \\ y_k(T-1) \end{bmatrix}, u_k = \begin{bmatrix} u_k(0) \\ \vdots \\ u_k(T-1) \end{bmatrix}, d_k = \begin{bmatrix} d_k(0) \\ \vdots \\ d_k(T-1) \end{bmatrix}, u_{k+1}(0) = u_k(T),$

$$G_p = \begin{bmatrix} 0 & 0 & \cdots & 0 & 0 \\ CB & 0 & \cdots & 0 & 0 \\ CAB & CB & \cdots & 0 & 0 \\ \vdots & \vdots & \vdots & \vdots & \vdots \\ CA^{T-3}B & CA^{T-4}B & \cdots & 0 & 0 \\ CA^{T-2}B & CA^{T-3}B & \cdots & CB & 0 \end{bmatrix}.$$

將 d_k 分為週期相關和不相關的兩部分：$d_k = \bar{d}_k + v_k$。同時假設週期相關的部分 $\bar{d}_k$ 可以被描述為一個集成的白噪音過程：$\bar{d}_k = \bar{d}_{k-1} + w_k$。其中，$v_k \sim (0, \sigma_1)$ 和 $w_k \sim (0, \sigma_2)$。利用定義 $e_k = y_k - r$，$\bar{e}_k = y_k - r - v_k$，則方程式 (7-10) 可以重新寫為：

$$\bar{e}_k = \bar{e}_{k-1} + G_p \Delta u_{k-1} + w_k \tag{7-11}$$

$$e_k = \bar{e}_k + v_k \tag{7-12}$$

為簡單起見，上述公式可以被以下公式代替：

$$z_{k+1} = \Phi z_k + \Gamma \Delta u_{k+1} + H w_{k+1} \tag{7-13}$$

$$e_k = \Sigma z_k + v_k \tag{7-14}$$

$$\min_{\Delta u_k} \sum_{k=0}^{\infty} \left\{ \overline{\left\| \begin{matrix} z_k \\ \Delta u_{k+1} \end{matrix} \right\|_Q^2} \right\} \tag{7-15}$$

式中，$z_k = \begin{bmatrix} \bar{e}_k \\ \Delta u_k \end{bmatrix}$，$\Phi = \begin{bmatrix} I_{T \times T} & G_p \\ 0_{T \times T} & 0_{T \times T} \end{bmatrix}$，$\Gamma = \begin{bmatrix} 0_{T \times T} \\ I_{T \times T} \end{bmatrix}$，$H = \begin{bmatrix} I_{T \times T} \\ 0_{T \times T} \end{bmatrix}$，

$\Sigma = [I_{T \times T} \quad 0_{T \times T}]$。

則優化控制的目標函數式 (7-9) 可以寫為：

$$\min_{\Delta u_k} \sum_{k=0}^{\infty} \left\{ \left\| \begin{matrix} z_k \\ \Delta u_{k+1} \end{matrix} \right\|_{\bar{Q}}^2 \right\} \tag{7-16}$$

式中，$\bar{Q} = \begin{bmatrix} (\Sigma \Phi)^T Q (\Sigma \Phi) & (\Sigma \Phi)^T Q (\Sigma \Gamma) \\ (\Sigma \Gamma)^T Q (\Sigma \Phi) & (\Sigma \Gamma)^T Q (\Sigma \Gamma) + R \end{bmatrix}$。

CTC 約束自適應：從 run-to-run 約束[8,9]自適應可得出，優化模型中的約束式 (7-6) 應該在每個週期結束後進行更新，並由式 (7-17) 來替代。

$$-\delta \varepsilon_k \leqslant e_k \leqslant \delta \varepsilon_k \tag{7-17}$$

式中，$\delta \varepsilon_k$ 代表在第 k 週期的誤差偏差約束。CTC 約束自適應[10]方案在

圖 7-2 中已描述出。計算出來的最佳軌跡 $u_k^*(t)$，$0 \leqslant t \leqslant T$，應用在被控對象的第 k 週期中進行運行，在第 k 週期結束後，工件的測量誤差值 $\varepsilon_k^{\mathrm{meas}}$ 和優化控制器的預測值 ε_k 之間的差值用來更新下一個週期的誤差偏差約束 $\delta \varepsilon_{k+1}$。更實際的策略是採用一階指數濾波器來過濾偏差：

$$\delta \varepsilon_{k+1} = (I - W_\varepsilon) \delta \varepsilon_k + W_\varepsilon (\varepsilon_k^{\mathrm{meas}} - \varepsilon_k) \tag{7-18}$$

式中，W_ε 是一個增益矩陣，通常是對角矩陣，且每個元素均滿足 $0 < W_{\varepsilon i} < 1$。

內層： 在內層利用基於重複控制的更新率來優化系統的追蹤性能，設計目標函數為：

$$\min_{\Delta u_k(t)} \sum_{t=0}^{T} \{ \| y_k(t) - r \|_Q^2 + \| \Delta u_k(t) \|_R^2 \} \tag{7-19}$$

為了與原系統的狀態空間方程式(7-4) 區分，在內層將其重新表達為：

$$\begin{cases} \Delta x_k(t+1) = A \Delta x_k(t) + B \Delta u_k(t) \\ y_k(t) = y_{k-1}(t) + C \Delta x_k(t) \end{cases} \tag{7-20}$$

利用定義：
$$\begin{cases} \Delta x_k(t+1) = A \Delta x_k(t) + B \Delta u_k(t) \\ y_k(t) = y_{k-1}(t) + C \Delta x_k(t) \end{cases} \tag{7-21}$$

$$e_k(t) = y_k(t) - r \tag{7-22}$$

可獲得 $e_k(t+1)$ 和 $e_k(t)$ 的表達式：

$$e_k(t+1) = e_{k-1} + \begin{bmatrix} C \Delta x_k(0) \\ \vdots \\ C \Delta x_k(t-1) \\ C \Delta x_k(t) \\ \vdots \\ 0 \end{bmatrix} \tag{7-23}$$

$$e_k(t) = e_{k-1} + \begin{bmatrix} C \Delta x_k(0) \\ \vdots \\ C \Delta x_k(t-1) \\ 0 \\ \vdots \\ 0 \end{bmatrix} \tag{7-24}$$

通過對比，可得到 $e_k(t+1) = e_k(t) + C \Delta x_k(t)$。同樣，式(7-20) 可重新寫為關於 t 的狀態空間方程：

$$\begin{bmatrix} \Delta x_k(t+1) \\ e_k(t+1) \end{bmatrix} = \begin{bmatrix} A & 0 \\ C & I \end{bmatrix} \begin{bmatrix} \Delta x_k(t) \\ e_k(t) \end{bmatrix} + \begin{bmatrix} B \\ 0 \end{bmatrix} \Delta u_k(t) \tag{7-25}$$

$$e_k(t) = \begin{bmatrix} 0 & I \end{bmatrix} \begin{bmatrix} \Delta x_k(t) \\ e_k(t) \end{bmatrix} \tag{7-26}$$

簡單起見，上述方程可重新寫為：

$$z_{t+1} = \boldsymbol{\Phi}_t z_t + \boldsymbol{\Gamma}_t \Delta u_k(t) \tag{7-27}$$

$$e_k(t) = \boldsymbol{\Sigma}_t z_t \tag{7-28}$$

式中，$z_t = \begin{bmatrix} \Delta x_k(t) \\ e_k(t) \end{bmatrix}$，$\boldsymbol{\Phi}_t = \begin{bmatrix} \boldsymbol{A} & 0 \\ \boldsymbol{C} & \boldsymbol{I} \end{bmatrix}$，$\boldsymbol{\Gamma}_t = \begin{bmatrix} \boldsymbol{B} \\ 0 \end{bmatrix}$，$\boldsymbol{\Sigma}_t = [0 \quad \boldsymbol{I}]$。

優化控制問題，式(7-19) 便可重新寫為：

$$\min_{\Delta u_k(t)} \sum_{t=0}^{N-1} \left\{ \left\| \begin{matrix} z_t \\ \Delta u_k(t) \end{matrix} \right\|_{\bar{Q}_t}^2 \right\} \tag{7-29}$$

式中，$\bar{Q}_t = \begin{bmatrix} (\boldsymbol{\Sigma}_t \boldsymbol{\Phi}_t)^{\mathrm{T}} Q(\boldsymbol{\Sigma}_t \boldsymbol{\Phi}_t) & (\boldsymbol{\Sigma}_t \boldsymbol{\Phi}_t)^{\mathrm{T}} Q(\boldsymbol{\Sigma}_t \boldsymbol{\Gamma}_t) \\ (\boldsymbol{\Sigma}_t \boldsymbol{\Gamma}_t)^{\mathrm{T}} Q(\boldsymbol{\Sigma}_t \boldsymbol{\Phi}_t) & (\boldsymbol{\Sigma}_t \boldsymbol{\Gamma}_t)^{\mathrm{T}} Q(\boldsymbol{\Sigma}_t \boldsymbol{\Gamma}_t) + R \end{bmatrix}$。

提出的補償演算法[11]，即基於 CTC 優化的雙層輪廓誤差補償演算法[12]如下。

步驟 1：初始化。選擇增益矩陣 W_ε，設置循環次數 $k=1$，初始化誤差約束 $\delta\varepsilon_1$，並給出允許的最大測量誤差 ε_g。

步驟 2：外層優化。通過解修正的帶有約束的 QP 問題 [式(7-9)]，約束為式(7-7)、式(7-8) 和式(7-17)，得到 $u_k^*(t)$。基於重複學習控制的交叉耦合控制的過程模型，得到預測的輪廓誤差 ε_k。

步驟 3：內層優化。通過解修正的帶有約束的 QP 問題 [式(7-29)]，約束為式(7-7)～式(7-8)，得到 $u_k^*(t) + \Delta u_k(t)$，其中 $t \in [0,t]$。應用更新的控制律 $u_k^*(t) + \Delta u_k(t)$，得到工件的測量誤差 $\varepsilon_k^{\mathrm{meas}}$。如果 $\varepsilon_k^{\mathrm{meas}} > \varepsilon_g$，則演算法繼續，否則停止。

步驟 4：利用式(7-18) 更新誤差約束 $\delta\varepsilon_{k+1}$。對測量值和預期值的差值進行濾波，得到誤差約束。

步驟 5：增加循環次數 $k \leftarrow k+1$，返回到步驟 2。

基於 CTC 優化的雙層輪廓誤差補償演算法中[13]，無論在哪一層都化為帶有約束的 QP 優化問題，所以接下來介紹求解凸二次規劃問題[14]的一種值得推薦的有效演算法：有效集方法。

7.2.2　有效集方法

考慮一般二次規劃：

$$\begin{aligned} \min \quad & \frac{1}{2} x^{\mathrm{T}} H x + c^{\mathrm{T}} x \\ \text{s. t.} \quad & a_i^{\mathrm{T}} x - b_i = 0, i \in E = \{1, \cdots, l\}, \\ & a_i^{\mathrm{T}} x - b_i \geqslant 0, i \in I = \{l+1, \cdots, m\}, \end{aligned} \tag{7-30}$$

式中，x 和 c 為 n 維變數；H 為 n 階對稱性；a_i^{T} 和 b_i 為線性約束條件的係

數和右端項。記 $I(x^*)=\{i\,|\,a_i^\mathsf{T}x^*-b_i=0,i\in I\}$。有效集方法的演算法步驟如下。

步驟 1：選取初值。給定初始可行點 $x_0\in R^n$，令 $k:=0$。

步驟 2：解子問題。確定相應的有效集 $S_k=E\cup I(x_k)$，$I(x_k)$ 為 x_k 點處約束有效集。求解子問題：

$$\min \quad q_k(d)=\frac{1}{2}d^\mathsf{T}Hd+g_k^\mathsf{T}d$$
$$\text{s. t.} \quad a_i^\mathsf{T}d=0,i\in S_k \tag{7-31}$$

式中，q 為關於 d 的二次規劃函數；d 為搜尋方向；g 為目標函數梯度。

可以得到極小點 d_k 和拉格朗日乘子 λ_k。若 $d_k\neq0$ 轉步驟 4；否則，轉步驟 3。

步驟 3：檢驗終止準則。計算拉格朗日乘子：

$$\lambda_k=B_k g_k$$

其中

$$g_k=Hx_k+c,B_k=(A_kH^{-1}A_k^\mathsf{T})^{-1}A_kH^{-1},A_k=(a_i)_{i\in S_k}$$

令

$$(\lambda_k)_t=\min_{i\in I(x_k)}\{(\lambda_k)_i\}$$

若 $(\lambda_k)_t\geqslant0$，則 x_k 是全局極小點，停算；否則，若 $(\lambda_k)_t<0$，則令 $S_k:=S_k\setminus\{t\}$，轉步驟 2。

步驟 4：確定步長 α_k。令 $\alpha_k=\min\{1,\bar{\alpha}_k\}$，其中：

$$\bar{\alpha}_k=\min_{i\notin S_k}\left\{\frac{b_i-a_i^\mathsf{T}x_k}{a_i^\mathsf{T}d_k}\,\Big|\,a_i^\mathsf{T}d_k<0\right\} \tag{7-32}$$

令 $x_{k+1}:=x_k+\alpha_k d_k$。

步驟 5：若 $\alpha_k=1$，則令 $S_{k+1}:=S_k$；否則，若 $\alpha_k<1$，則令 $S_{k+1}=S_k\cup\{j_k\}$，其中 j_k 滿足：

$$\bar{\alpha}_k=\frac{b_{jk}-a_{j_k}^\mathsf{T}x_k}{a_{j_k}^\mathsf{T}d_k} \tag{7-33}$$

步驟 6：令 $k:=k+1$，轉步驟 2。

在解決中帶有約束的 QP 問題（二次規劃問題）時，利用以上有效集方法，應用 MATLAB 程式計算，可分別求得內外兩層的最佳解。

7.2.3 採用雙層優化的輪廓誤差控制

採用雙層優化的輪廓誤差控制對凸輪片 B 進行仿真實驗[15]。給出允許的最大測量誤差 $\varepsilon_g = 0.01$mm。圖 7-3 為優化後的補償結果：當 $k = 8$ 時，$\varepsilon_k^{meas} = 0.01$mm，滿足要求。圖 7-4 為優化過程，圖 7-5 為圖 7-4 的局部放大。可看出隨著循環次數 k 的增加，誤差逐漸減小直至 $k = 8$ 滿足要求。

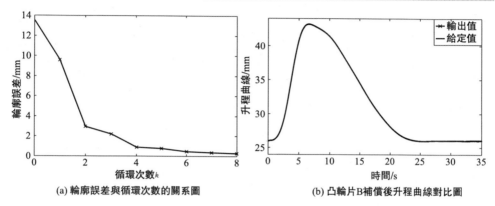

(a) 輪廓誤差與循環次數的關系圖   (b) 凸輪片B補償後升程曲線對比圖

圖 7-3　優化後的補償結果圖（電子版）

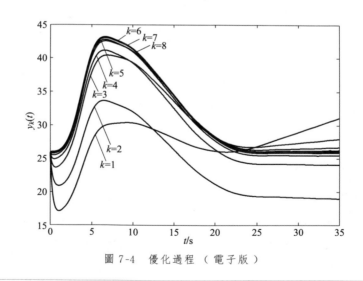

圖 7-4　優化過程（電子版）

如表 7-1 所示，凸輪片 B 的輪廓誤差最大值從未補償的 0.020mm 降低到最終的 0.01mm。總之，補償後的輪廓精度得到有效提高。

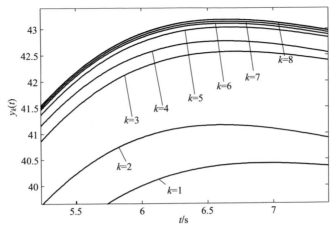

圖 7-5　圖 7-4 的局部放大圖（電子版）

表 7-1　補償控制演算法的輪廓誤差最大值比較

演算法	凸輪片 A	凸輪片 B
未補償	0.018mm	0.020mm
雙層優化的輪廓誤差控制	0.010mm	0.010mm

參考文獻

[1]　李勇. 影響數控凸輪軸磨削加工精度若干因素的研究［D］. 武漢：華中科技大學, 2004.

[2]　楊衛東, 劉杰, 張世厚. 帶鋼熱連軋卷取溫度控制與改進算法［J］. 鋼鐵, 1997 (2)：38-42.

[3]　GRANET V, VERMOREL O, LACOUR C, et al. Large-eddy simulation and experimental study of cycle-to-cycle variations of stable and unstable operating points in a spark ignition engine［J］. Combustion & Flame, 2012, 159 (4)：1562-1575.

[4]　LAILI M, NORITADA K, MANABU T, et al. Rolling circle amplification and circle-to-circle amplification of a specific gene integrated with electrophoretic analysis on a single chip［J］. Analytical Chemistry, 2008, 80 (7)：2483-2490.

[5]　劉熙剛, 張慶. 基於齒廓法線求解 CTC 齒形諧波齒輪共軛齒廓［J］. 機械製造與自動化, 2013, 42 (3)：20-23.

[6]　王茂斌. 自由曲線加工輪廓誤差分析與控制算法的研究［D］. 哈爾濱：哈爾濱工業大學, 2010.

[7] 孫建仁, 胡赤兵, 王保民. 數控加工中自由曲線優化切線輪廓誤差分析[J]. 機械設計與製造, 2010 (12): 155-156.

[8] ZHANG C, DENG H, BARAS J S. Run-to-run control methods based on the DHOBE algorithm [J]. Automatica, 2003, 39 (1): 35-45.

[9] KUMAR V G. Run-to-run control in semiconductor manufacturing[J]. Masters, 2003.

[10] PODMAJERSKÝ M, FIKAR M, CHACHUAT B. Measurement-based optimization of batch and repetitive processes using an integrated two-layer architecture [J]. Journal of Process Control, 2013, 23 (7): 943-955.

[11] 葛榮雨, 馮顯英, 王慶松. 弧面凸輪廓面非等徑加工的刀位控制方法[J]. 農業機械學報, 2010, 41 (9): 223-226.

[12] 肖曉萍, 殷國富. 空間曲線輪廓誤差實時估算與補償方法研究[J]. 工程科學與技術, 2015 (1): 215-222.

[13] 劉小君, 劉焜. 凸輪輪廓誤差的計算機輔助測量[J]. 合肥工業大學學報(自然科學版),1997(6):47-51.

[14] 賀力群,朱克強. 大規模嚴格凸二次規劃問題一個新算法[J]. 高校應用數學學報, 1999,14(2):221-228.

[15] 孫建仁,胡赤兵,王保民. 數控加工中自由曲線優化切線輪廓誤差分析[J]. 機械設計與製造,2010(12):155-156.

第8章

凸輪磨削速度優化演算法

8.1 基於同步滯後的凸輪磨削速度優化演算法

在數控凸輪磨削加工中，磨削過程是 C 軸和 X 軸的配合聯動過程，其中，旋轉軸 C 軸是主軸，饋送軸 X 軸為跟隨軸。凸輪的非圓表面成形運動由 C 軸的旋轉運動和 X 軸的饋送運動構成。C 軸、X 軸是由饋送系統驅動的，只要磨削點的軌跡在輪廓曲線上，所需要的凸輪片曲線形狀便可得到。

當凸輪片的升程表給定時，砂輪架的饋送位移和凸輪旋轉角度便可通過凸輪磨削運動數學模型計算得到[1]。所以，為了得到凸輪和砂輪之間的動態運動關係，需要建立一個合理的磨削運動數學模型。

在文獻[2]中提到了一個通用的數學模型，但其推導複雜。在本節中應用反轉法來分析凸輪片和從動件之間的幾何運動關係。反轉法思想描述：在實際凸輪磨削加工過程中，凸輪和它的從動件都在運動。為了描述它們之間的幾何運動關係，假定凸輪並未轉動，而是從動件以大小相同但方向相反的角速度繞凸輪反轉，同時從動件又以原有運動規律相對機架作直線往復運動。通常情況下，凸輪從動件有三種不同類型：平底從動件、滾輪從動件和尖頂從動件。滾輪從動件相對比較常見，且反轉法計算時較其他兩種從動件難度較大，所以，在本節中選擇以滾輪從動件為例。

圖 8-1 為凸輪磨削示意圖，圖中，標號 1 為挺桿滾輪，2 為砂輪，3 為凸輪的實際輪廓，4 為理論輪廓，O 為凸輪中心，O_1 為滾輪圓心，O_2 為砂輪中心，r 為凸輪基圓半徑，r_0 為滾輪半徑，R 為砂輪半徑，φ 為從動件的旋轉角度，θ 為凸輪的旋轉角度，P 點為凸輪輪廓與砂輪相切的切點。

設升程方程為 $s(\varphi)$，利用圖 8-1 中的幾何關係，可得到滾輪圓心的軌跡座標，即理論輪廓為：

$$\begin{cases} x_1 = (r + r_0 + s(\varphi))\sin\varphi \\ y_1 = (r + r_0 + s(\varphi))\cos\varphi \end{cases} \qquad (8\text{-}1)$$

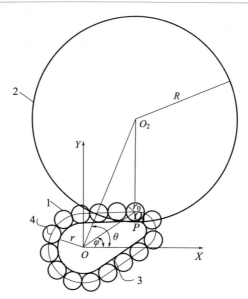

圖 8-1 凸輪磨削示意圖

滾輪圓心的單位法矢量為：

$$\begin{cases} \boldsymbol{V}_x = \dfrac{\mathrm{d}y_1/\mathrm{d}\varphi}{\sqrt{(\mathrm{d}x_1/\mathrm{d}\varphi)^2 + (\mathrm{d}y_1/\mathrm{d}\varphi)^2}} \\[4mm] \boldsymbol{V}_y = \dfrac{-\mathrm{d}x_1/\mathrm{d}\varphi}{\sqrt{(\mathrm{d}x_1/\mathrm{d}\varphi)^2 + (\mathrm{d}y_1/\mathrm{d}\varphi)^2}} \end{cases} \tag{8-2}$$

則可得，實際輪廓的軌跡座標表達式為：

$$\begin{cases} x = x_1 - r_0 \boldsymbol{V}_x \\ y = y_1 - r_0 \boldsymbol{V}_y \end{cases} \tag{8-3}$$

由反轉法思想可知，砂輪中心點的運動軌跡與凸輪輪廓軌跡相比，二者是間距為 R 的等距曲線，且二者的方向矢量相同，這樣砂輪中心點的軌跡座標可由以下公式獲得：

$$\begin{cases} x_2 = x + R\boldsymbol{V}_x \\ y_2 = y + R\boldsymbol{V}_y \end{cases} \tag{8-4}$$

因此，砂輪架的位移和凸輪旋轉角度的表達式分別如下：

$$X = \sqrt{x_2^2 + y_2^2} \tag{8-5}$$

$$\theta = \arctan \frac{y_2}{x_2} \tag{8-6}$$

基於磨削點的恆角速度磨削，旋轉軸沒有角速度變化，控制相對容易，且初

始模型計算相對也較簡單，對砂輪架位移分別求一階導數和二階導數就可得到砂輪架的饋送速度和加速度。設定 $\omega_c = \dfrac{\mathrm{d}\theta}{\mathrm{d}t} = n$（$n$ 為常數），則可建立砂輪架的速度模型為：

$$v_x = \frac{\mathrm{d}X}{\mathrm{d}t} = \frac{\mathrm{d}X}{\mathrm{d}\theta} \times \frac{\mathrm{d}\theta}{\mathrm{d}t} \tag{8-7}$$

X 軸和 C 軸的加速度模型分別為：

$$a_x = \frac{\mathrm{d}v_x}{\mathrm{d}t} = \frac{\mathrm{d}v_x}{\mathrm{d}\theta} \times \frac{\mathrm{d}\theta}{\mathrm{d}t} \tag{8-8}$$

$$a_c = \frac{\mathrm{d}^2\theta}{\mathrm{d}t^2} \tag{8-9}$$

砂輪架系統往復運動的速度較小，但加速度及加速度變化率較大，此時砂輪追蹤系統的追蹤性能成為影響磨削精度的主要因素。

由輪廓誤差的模型可看出，輪廓誤差是由兩個軸的滯後現象導致的。為了避免此現象，目前有很多方法來解決這個問題，如重建或重新設計磨削系統的機械結構，使用性能良好的伺服系統和引入新的控制演算法等[3]。從數控磨削系統的角度來說，這些解決方案可以提高磨削精度以適應輸入。然而，這將會增加成本，甚至在許多情況下也很難實現。

本節僅考慮在現有的硬體條件下，盡可能從適應系統的角度出發，協調控制兩軸運動量，利用速度優化演算法來調節兩個軸的速度、加速度來減小追蹤誤差，實現提高凸輪輪廓精度的目的，即通過協調兩軸運動量，將輪廓誤差控制添加到已有系統中（無硬體成本）來控制輪廓誤差。事實上，若使輪廓誤差為 0，兩個軸必須保持同步以保證每個單軸的輸出形式相匹配。同步包括速度同步和位置同步，其中位置同步指的是砂輪饋送運動的位移能與旋轉饋送軸的位置完美配合，這意味著機床各軸的位置輸出應根據各軸的位置誤差和輸出運動速度來調整，使各軸的運動輸出與輸入運動形式相當，即盡可能地保證兩個軸的跟隨誤差小；速度同步表示對兩個軸的速度進行同比例的變化（增大或減小）。

每個單軸的速度和加速度都是影響精度的至關重要的因素，本節提出一種新的演算法（基於同步滯後的凸輪磨削速度優化演算法）來優化每個單軸的速度和加速度。而且，原先的機械系統不需要有任何變動。在兩個軸都存在滯後的基礎上，應用速度優化演算法，使之保持「同步滯後」。

8.1.1　單軸伺服追蹤誤差計算

在高速、高精度磨削系統中，每個單軸的控制已詳細分析，為了得到追蹤誤差與速度和加速度的關係，採用每個軸簡化的動態模型，如圖 8-2 所示。圖 8-2

中，$G_{APR}(s)$ 和 k_{fp} 分別表示控制器的等效傳遞函數和系統回饋係數。上述系統的閉環傳遞函數可以寫成如下形式：

$$\frac{Y(s)}{R(s)} = \frac{c}{as^2 + bs + c} \qquad (8\text{-}10)$$

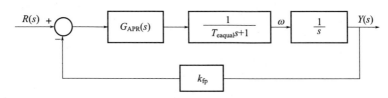

圖 8-2　數控磨削系統的單軸簡化運動模型

　　為了實現速度優化的目的，必須得出每個單軸的追蹤誤差與它的瞬時速度和加速度的關係。為了得出這種關係，追蹤誤差的傳遞函數須轉化成時域形式。追蹤誤差的傳遞函數表達如下：

$$\frac{E(s)}{R(s)} = \frac{R(s) - Y(s)}{R(s)} = \frac{as^2 + bs}{as^2 + bs + c} = k_{ev}s + k_{ea}s^2 + k_{ej}s^3 + \cdots \qquad (8\text{-}11)$$

以上傳遞函數是通過傳遞函數在 $s = 0$ 處，泰勒展開得到的。追蹤誤差在時域的表達式可通過對上式的拉普拉斯逆變換得到，如式(8-12) 所示。

$$E(s) = k_{ev}sR(s) + k_{ea}s^2R(s) + k_{ej}s^3R(s) + \cdots \qquad (8\text{-}12)$$

$$e(t) = L^{-1}\{E(s)\} = k_{ev}\frac{dr(t)}{dt} + k_{ea}\frac{d^2r(t)}{dt^2} + k_{ej}\frac{d^3r(t)}{dt^3} + \cdots \qquad (8\text{-}13)$$

$$= k_{ev}v(t) + k_{ea}a(t) + \cdots$$

式中，k_{ev}、k_{ea}、k_{ej} 均為動態誤差係數。

8.1.2　基於同步滯後的凸輪輪廓誤差模型磨削速度優化演算法

　　模型的最終目的是提供每個單軸的速度、加速度和凸輪輪廓誤差的關係，故還需知道輪廓誤差的模型。學者們提出了各種方法來計算輪廓誤差[4]。其中，Takahashi[5]通過曲率逼近的方法計算出輪廓誤差。前面採用了不同於此的逼近方法，利用基於同步滯後的輪廓誤差模型來計算凸輪的輪廓誤差，輪廓誤差為 $\varepsilon = -C_c\varepsilon_\theta + C_x\varepsilon_r$。

　　由於升程表是離線值，直觀來看，基於凸輪恆角速度磨削的數控加工數學模型，對砂輪位移和凸輪的角位移分別進行一次和二次求導，便可以得到兩個軸的速度和加速度的數學表達式。砂輪的饋送速度與砂輪的磨削形狀息息相關。而且

在凸輪形狀的敏感區域，砂輪速度變化劇烈，同時這些現象會導致較大的追蹤誤差。特別是，砂輪的強大慣性、過大的加速度都會使執行器產生嚴重的滯後，這會嚴重影響磨削精度。如果演算法不合適，速度就會因計算誤差和升程誤差的累積而出現過大過多的跳動。因此需要採用一種合適的速度優化演算法，有效提高速度曲線的精度和光滑程度，並適應機床機械系統及滿足伺服系統的響應要求。速度優化演算法的目的是利用構造的指數函數來優化速度從而獲得較小的輪廓誤差。

給定任意一個凸輪片的升程曲線 $s(\varphi)$，砂輪架的位移（X）和凸輪的旋轉角度（θ）便可以通過數控凸輪磨削運動數學模型得到。在每一時刻，砂輪架的饋送速度與凸輪旋轉角速度的比率僅跟凸輪輪廓的幾何形狀和凸輪旋轉角位移相關。

$$\frac{v_{x_i}}{\omega_{c_i}} = K(\theta_i) \tag{8-14}$$

每個軸的追蹤誤差採用以下公式來表達，能夠看出兩個軸的追蹤誤差可以利用動態誤差係數和瞬時速度、加速度估算得到。

$$\begin{cases} \varepsilon_\theta = k_{\mathrm{ev1}}\,\omega_c(t) + k_{\mathrm{ea1}}\,a_c(t) \\ \varepsilon_r = k_{\mathrm{ev2}}\,v_x(t) + k_{\mathrm{ea2}}\,a_x(t) \end{cases} \tag{8-15}$$

式(8-15) 所示輪廓誤差的預測值可以重新寫為如下形式：

$$\varepsilon = -\frac{\partial f}{\partial \theta}(\theta_{\mathrm{d}})\varepsilon_\theta + C_x\varepsilon_r \tag{8-16}$$

將式(8-7)～式(8-9) 和式(8-14)、式(8-15) 代入到式(8-16) 中，輪廓誤差便可估算為一個關於單軸速度的表達式：

$$\varepsilon = v_x(k_{\mathrm{ev2}} - k_{\mathrm{ev1}}) + \frac{K'(\theta)}{K^2(\theta)}v_x\left[(k_{\mathrm{ea1}} + k_{\mathrm{ea2}})v_x - k_{\mathrm{ea1}}\frac{\mathrm{d}v_x}{\mathrm{d}\theta}\right] \tag{8-17}$$

構造一個指數型的優化函數來優化速度達到減小輪廓誤差的目的，形式如下：

$$m = \frac{p^{|v_{jx}|}}{k} \tag{8-18}$$

其中，定義的砂輪架對於凸輪的相對速度如下：

$$v_{jx} = \frac{\mathrm{d}X}{\mathrm{d}\theta} = K(\theta) \tag{8-19}$$

在升程斜率較大處，即凸輪敏感區域，$|v_{jx}|$ 很大，直接導致砂輪饋送速度很大，追蹤誤差也會隨之增大，大大降低了輪廓精度；當升程變化緩慢，甚至變化為 0 時，若速度過小，則效率降低。而且，砂輪架的饋送速度與凸輪旋轉角速度的比率也為 v_{jx}，故本文選 v_{jx} 作為重要的影響因子來調節及優化速度。易知此係數只跟凸輪片的輪廓有關，針對不同凸輪的工藝資訊，速度調節係數也相應

有不同的調整。

式(8-18) 中，p 和 k 均有實際的物理意義。p 為減小變化率及減緩升程波動的速度調節係數（$p > 1$），k 為全局速度調節係數。k 值越大，在磨削的速度優化方面效果更加明顯。在凸輪升程曲線變化劇烈處，速度和加速度將會增大，同時也增大了砂輪軸的追蹤誤差，最終引起凸輪輪廓誤差增大。此時，需要增加 p 值。在凸輪升程曲線變化緩慢，甚至斜率為 0 處，需要減小 p 值，同時增大 k 值。

從式(8-18) 中可看出，m 值僅跟凸輪輪廓的幾何形狀相關。根據不同的凸輪片幾何資訊，速度調節因子也隨之改變。

基於恆角速度磨削運動的數學模型可得到砂輪架饋送速度，表達式如式(8-7)～式(8-9)，為了保證速度同步，需要對單軸的速度以相同的比例增大或減小。優化後的砂輪饋送速度和凸輪旋轉角速度分別由以下公式獲得：

$$v_{mx} = v_x / m \tag{8-20}$$

$$\omega_{mc} = \omega_c / m \tag{8-21}$$

重新計算加速度如下：

$$a_{mx} = \frac{\mathrm{d}v_{mx}}{\mathrm{d}\theta} n \tag{8-22}$$

$$a_{mc} = \frac{\mathrm{d}\omega_{mc}}{\mathrm{d}\theta} n \tag{8-23}$$

此時，凸輪輪廓誤差表達如下：

$$\varepsilon = f(K(\theta), k, p) = \frac{Akp^{|K(\theta)|} + B + C + D\ln p}{(kp^{|K(\theta)|})^2} \tag{8-24}$$

式中，$A = n(k_{ev2} - k_{ev1})K^2(\theta)$，$B = n^2(k_{ea1} + k_{ea2})K'(\theta)K(\theta)$，$C = -n^2 k_{ea1}(K'(\theta))^2$，$D = n^2 k_{ea1} K'(\theta)K(\theta)|K(\theta)|'$。

數控凸輪磨削的每個單軸均由伺服馬達驅動，滾珠絲槓驅動，這類驅動系統必然具有有限的力/力矩和功率輸出能力。每個軸的物理系統約束條件和相應的可行速度、加速度之間的關係如下：

$$v_{\max} = F_{\max} / k_v \tag{8-25}$$

$$a_{\max} = 2F_{\max} / k_a \tag{8-26}$$

式中，常數 k_v 和 k_a 分別為每個特定軸的慣性和黏性摩擦特性；$F_{\max}$ 為電機的最大驅動力。

速度和加速度必須滿足以下約束條件：

$$v_x \leqslant v_{x\max} \tag{8-27}$$

$$a_x \leqslant a_{x\max} \tag{8-28}$$

$$\omega_c \leqslant \omega_{x\max} \tag{8-29}$$

$$a_c \leqslant a_{c\max} \tag{8-30}$$

綜上，需考慮如下約束優化問題，即：

$$\min_{k,p} f(K(\theta_i), k, p)$$

$$s.t. \quad v_{x\min} \leqslant v_x \leqslant v_{x\max}$$

$$a_{x\min} \leqslant a_x \leqslant a_{x\max}$$

$$\omega_{c\min} \leqslant \omega_c \leqslant \omega_{x\max} \tag{8-31}$$

$$a_{c\min} \leqslant a_c \leqslant a_{c\max}$$

$$p \geqslant 1$$

$$k \geqslant 1$$

　　為保證輪廓誤差最小（小於 0.012mm），則需要確定參數 p 和 k 的最佳值。文獻 [6]利用了貪婪演算法來獲得最大速度，但一般來說，這種策略可能導致加速度能力不足以維持所需的輪廓誤差。由於 p 和 k 的物理意義，p 自然成為重要的調節參數；作為全局速度調節參數，k 優化應該在參數 p 調節結束後進行。

　　起初，利用試湊的方法來確定 p 和 k，方法如下。

　　步驟 1：賦初值 $p=1$（即為恆角速度磨削控制），在升程曲線斜率較大的情況下，會導致速度和加速度很大，這樣就容易引起砂輪饋送軸的追蹤誤差增大，使 X、C 兩軸聯動後的凸輪輪廓誤差變大，嚴重影響精度。這時，就需要調節係數 p，使其增大，此時 m 值增大，從而降低速度和加速度，減小追蹤誤差，提高凸輪輪廓精度。

　　步驟 2：p 值固定，當整體的凸輪轉速過快時，為防止磨頭追蹤不到位而產生過切或切削不充分等現象，就需調節 k，使其減小；若整體速度過慢，為提高效率，增大 k 值。

　　試湊方法雖有效，但效率頗低，為此在給定凸輪片的情況下，提供了一種基於傳統線搜尋的兩個變數優化演算法。

　　優化演算法如下。

　　步驟 1：初始化，$p=1$，$k=1$（此時為恆角速度磨削），$K(\theta_i)$ 中的 θ_i 為恆角速度加工磨削時輪廓誤差最大時對應的角度。

　　步驟 2：如果可行，求解 $\min\limits_{k,p} f(K(\theta_i), k, p)$ 得到 p 和 k。

　　求最小 p 值。

　　受約束：

$$\begin{cases} v_{x\min} \leqslant v_x \leqslant v_{x\max} \\ a_{x\min} \leqslant a_x \leqslant a_{x\max} \\ \omega_{c\min} \leqslant \omega_c \leqslant \omega_{x\max} \\ a_{c\min} \leqslant a_c \leqslant a_{c\max} \end{cases} \tag{8-32}$$

步驟 3：如果不可行，增大 p 值直至可行，此時 p 值：$p＝p^*$。

步驟 4：計算輪廓誤差 ε，如果 $\varepsilon \geqslant 10\mu m$，進行步驟 2，否則繼續。

步驟 5：重新初始化：$p＝p^*$，$k＝1$。

步驟 6：如果可行，解決式（8-32）得到 k：求最小 k 值，受約束於式（8-32）。

步驟 7：如果不可行，增大 k 值直至可行，此時 k 值獲得 $k＝k^*$。

步驟 8：重新計算輪廓誤差，如果 $\varepsilon \geqslant 10\mu m$，進行步驟 6，否則結束。

在上述演算法中，p 和 k 為獨立的變數，而且兩者有不同的物理意義。所以，這種帶有約束的非線性優化可通過上述方法來解決。

在修正及計算過程中，時刻保證砂輪饋送速度、加速度以及凸輪轉速、加速度不能超過機械結構允許的最大值。

通過上述速度優化演算法可知，在升程突變處，m 值增大，最終使 v_{mx} 變小，提高了精度；當升程變化緩慢，甚至變化為 0 時，v_{mx} 就會加大，節省時間，提高了效率。這能保證在整個磨削過程中，根據升程的變化情況來調節速度，既保證品質又提高了效率。這種優化演算法適用於數控凸輪磨削的任意種類的凸輪片。對於不同的凸輪片，$K(\theta_i)$ 值不同。因此，對於不同的凸輪輪廓，p 和 k 的優化值也隨之改變。

8.1.3　仿真實驗與結果分析

在這一部分進行了詳細的數控凸輪磨削仿真實驗來驗證提出的速度優化演算法的有效性，並選擇了兩個輪廓曲線較複雜的凸輪片來進行仿真實驗。凸輪片 B，基圓半徑（r）為 12mm，滾輪半徑（r_0）為 11mm。砂輪架半徑（R）為 290mm，初始角速度為 100r/min。另一個凸輪片 C，基圓半徑為 19mm。

圖 8-3～圖 8-6 分別為凸輪 B 和凸輪 C 的升程曲線（$s_1(\varphi)$）以及相對速度曲線 $\left(\dfrac{\mathrm{d}X_1}{\mathrm{d}\theta}\right)$。從中可看出，在升程曲線變化劇烈處，凸輪的相對速度值較大，同時這也是凸輪片的敏感區域。此時應該減緩磨削速度以避免工件的過切。相反，當相對速度值很小，甚至為 0 時，應該增大磨削速度以提高磨削效率。

對於給定的兩個凸輪片 B 和 C，相關優化參數值由提出的速度優化演算法分別計算得到：$p_B＝5.7$，$k_B＝1.2$，$p_C＝6.3$，$k_C＝1.4$。p_B 和 k_B 的準確性可由圖 8-7所示的輪廓誤差與參數 k 和 p 的關係來驗證。當 $K(\theta_i)$ 選定時，基於約束式（8-31），並利用式（8-24）計算輪廓誤差。同樣，p_C 和 k_C 的準確性同樣可以得到驗證，在這裡不作重複工作。

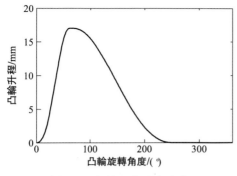

圖 8-3　凸輪 B 的升程曲線

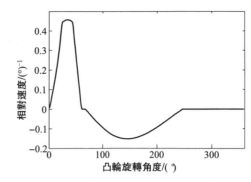

圖 8-4　凸輪 B 的相對角速度曲線

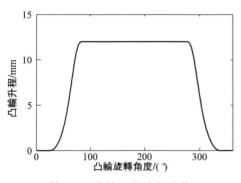

圖 8-5　凸輪 C 的升程曲線

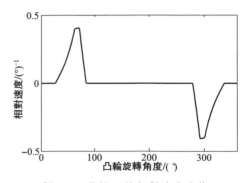

圖 8-6　凸輪 C 的相對速度曲線

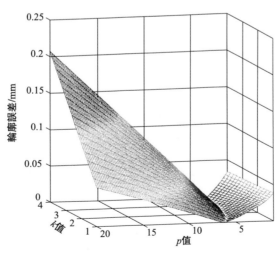

圖 8-7　帶有約束的不同 p、k 值對應的凸輪輪廓誤差 （電子版）

從圖 8-7 中可看出，全局速度調節係數 k 的增大將會導致輪廓誤差增大。p 的最佳值跟 $K(\theta_i)$ 有關。

圖 8-8 和圖 8-9 分別為凸輪 B 和 C 優化前後兩個軸的速度對比圖。很明顯，當凸輪進行恆角速度磨削加工時，砂輪饋送速度會產生急遽變化。從圖 8-8 中可看出定義的相對速度在速度的高曲率區域起了它的作用，且曲線光滑，沒有出現急遽變化現象。從圖 8-9 中可看出，此速度優化演算法起的作用為：在凸輪片敏感區域可降低速度以避免砂輪磨削設備產生過切現象，同時在凸輪的平緩區域可以提高速度。

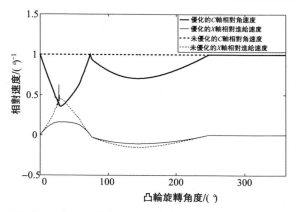

圖 8-8　凸輪 B 優化前後的速度對比圖 （電子版）

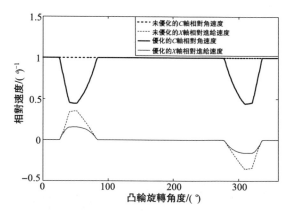

圖 8-9　凸輪 C 優化前後的速度對比圖 （電子版）

為了驗證提出演算法的可靠性和實用性，進一步作出基於速度優化前後的輪廓誤差對比圖。在圖 8-10 和圖 8-11 中，與恆角速度磨削相對比，速度優化之後的加工磨削的輪廓誤差明顯減小，在仿真實驗中，兩個凸輪片的輪廓誤差均得到

有效減小，控制誤差在 0.02mm 範圍內。

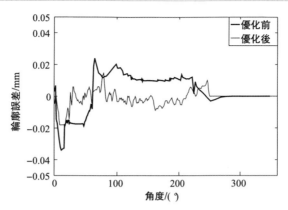

圖 8-10　凸輪 B 的輪廓誤差對比圖　（電子版）

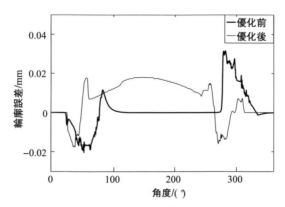

圖 8-11　凸輪 C 的輪廓誤差對比圖　（電子版）

　　精度和效率一直是兩個矛盾的量，在保證磨削精度的前提下，需要驗證效率是否得到提高。根據式(8-21) 可計算出兩個凸輪片速度優化前後的比例($\omega_{mc}/\omega_c = 1/m$)，並在圖 8-12 和圖 8-13 中繪出。對於 C 軸旋轉 360°的兩個凸輪片所用時間的比例可分別在圖 8-14 和圖 8-15 中得到。

　　計算速度優化後的 C 軸旋轉 360°整體時間與恆角速度的比值：

$$K_{\text{ratio}} = \frac{t_{\theta_1} + t_{\theta_2} + \cdots}{360} \qquad (8-33)$$

　　式中，t_{θ_i} 為 1°的時間比值。

　　對於凸輪片 B，輪廓曲線較複雜，在高速精度磨削加工中，尤其是在凸輪的敏感區域，磨削速度很小。通過計算，$K_{\text{Bratio}} = 0.996 < 1$，即速度優化後的 C 軸

旋轉 360°整體磨削時間少於恆角速度磨削，而且輪廓誤差減小了 50%。

對於凸輪片 C，$K_{\text{Cratio}} = 0.831 < 1$，即提出的速度優化演算法不僅提高了磨削精度，而且磨削效率更高，為生產廠商提供了一種非常有效的磨削方法。

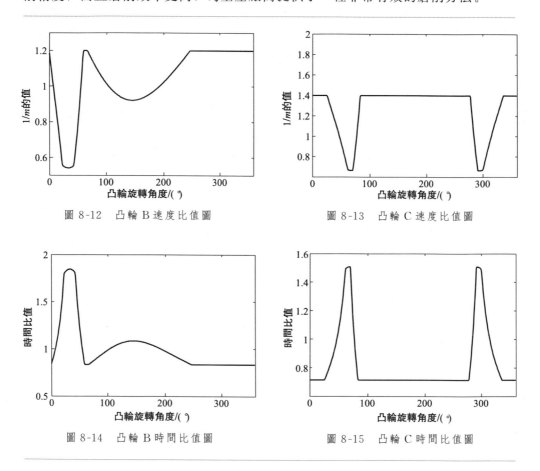

圖 8-12　凸輪 B 速度比值圖　　　　圖 8-13　凸輪 C 速度比值圖

圖 8-14　凸輪 B 時間比值圖　　　　圖 8-15　凸輪 C 時間比值圖

8.2　基於當量磨削的凸輪轉速動態優化

多年來國內外科學家都在尋找一個基本參數來描述磨削過程，以便更好地了解磨削過程中的變化規律。1914 年美國科學家 G. I. Alden 提議將銑削的研究方法運用於磨削加工之中，想要利用磨削要素來掌握加工規律研究磨削過程，並成功推導了單顆磨粒下的磨削方程。

由於 CNC 數控磨床磨削砂輪分布的特殊性，使得將磨削厚度作為磨削基本要素研究過程進展十分困難。近年來，國際生產工程研究會研究小組提出「當量

磨削厚度」來描述磨削過程[7]。當量磨削厚度是結合了磨削厚度、砂輪旋轉速度與工件磨削速度的一個運動學參數，其可以被認為是一種改進後的磨削厚度。

　　圖 8-16 與圖 8-17 分別為砂輪外圓磨削和平面磨削示意圖，當量磨削厚度 h_{eq} 可表示為：

$$h_{eq} = a_p \frac{V_w}{V_s} = \frac{Z'_w}{V_s} \tag{8-34}$$

　　式中，a_p 為工件磨削厚度；V_w 為工件表面磨削速度；V_s 為砂輪磨削轉速；Z'_w 為砂輪的金屬磨除率。

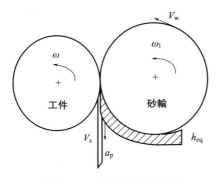

圖 8-16　外圓磨削示意圖

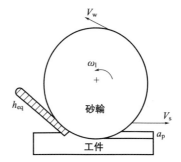

圖 8-17　平面磨削示意圖

　　　　文獻 [8] 中通過磨削實驗表明，當量磨削厚度與金屬磨除率、磨削工件表面加工粗糙度、磨削工件表面受力等參數在一定範圍內都具有良好的線性關係。所以將當量磨削厚度作為凸輪磨削過程中的一個基本參數是合情合理的，有

一定的實際意義。圖 8-18 為凸輪磨削示意圖，其中 O_1 為凸輪基圓圓心，O_3 為從動滾輪圓心，O_4 為砂輪圓心，a_p 為凸輪工件磨削厚度，A 點為實際磨削位置，O_2 為 A 點對應的曲率圓圓心，R_0 為凸輪 A 點對應的曲率圓半徑，V_w 為砂輪磨削轉速，V_s 為凸輪表面的磨削線速度。凸輪在磨削過程中，隨著 C 軸旋轉和 X 軸饋送位置的改變，磨削點位置也發生改變。在 A 點磨削時，可以看作砂輪在加工半徑為 R_0、圓心為 O_2 的圓形工件，只是該工件的加工半徑和圓心會隨著磨削過程發生改變。所以凸輪加

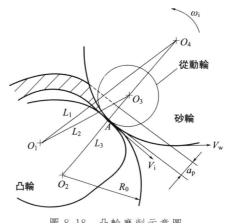

圖 8-18　凸輪磨削示意圖

工過程可以認為是外圓磨削的一種，同樣可以採用當量磨削厚度對磨削過程進行描述。

　　磨削精度與當量磨削厚度有著非常大的連繫，在磨削過程中若保持當量磨削厚度近似相等時，磨削精度會得到較大程度的提高。本節根據磨削當量原理提出了凸輪轉速的動態優化。總體思路為在準恆線速度的基礎上，根據 Cycle-to-Cycle 回饋控制原則結合遺傳演算法進行微調，保證當量磨削厚度近似恆定，從而提高機床兩磨削軸之間的匹配程度，最終達到提高凸輪零件磨削精度的目的。

　　本章總體控制策略如圖 8-19 所示，具體過程主要分為 3 個部分。第一部分是按照速度瞬心法求解準恆線速度優化曲線，將該速度曲線作為凸輪磨床的初始輸入曲線。第二部分是根據 Cycle-to-Cycle 回饋控制補償模型求取補償量。Cycle-to-Cycle 回饋控制的主要思想是將上一次磨削過程中的多餘或者缺少的誤差，作為下一次磨削的指導。第三部分是基於遺傳演算法分段調節補償量。求得補償量後由於補償中可能存在加速度或者速度過大的地方，若直接補償會造成速度曲線存在個別特殊點速度過大的問題，所以需要基於遺傳演算法離線調節，提高轉換模型反向求取後速度曲線的磨削精度。

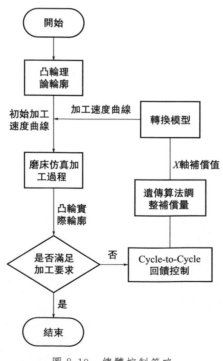

圖 8-19　總體控制策略

8.2.1　準恆線速度磨削加工

　　當量磨削厚度是與磨削厚度、砂輪線速度、磨削線速度相關的一個基本參數，並且當量磨削厚度與磨削加工零件的表面粗糙度、磨削精度都有一定的相關性[9]。當凸輪在磨削過程中能保證當量磨削厚度近似相等時，會使得凸輪保持較好的磨削精度與表面品質。為了尋求一種更加有效的磨削加工方式，我們對當量磨削厚度公式進行深入分析。

　　當量磨削厚度公式為：

$$h_{eq} = a_p \frac{V_s}{V_w} \tag{8-35}$$

　　式中，a_p 為磨削厚度；V_s 為工件表面磨削線速度；V_w 為砂輪線速度。

　　在加工過程中，本次凸輪磨削的磨削厚度 a_p 為定值，在不考慮熱變形、砂輪磨損等特殊條件下，砂輪旋轉速與砂輪直徑一般不發生變化，所以砂輪磨削線速度 V_w 也為定值，即磨削厚度與砂輪線速度的比值為一特定常數。

$$K = \frac{a_p}{V_w} \tag{8-36}$$

$$h_{eq} = a_p \frac{V_s}{V_w} = \frac{Q}{V_w} = KV_s \tag{8-37}$$

　　根據式(8-37) 可得，只需要保證凸輪磨削線速度為定值，即可保證磨削過程中當量磨削厚度近似相等。

　　磨削過程中若實現準恆線速度磨削，首先需要對凸輪磨削過程進行分析，得到磨削過程中凸輪磨削線速度、凸輪旋轉角度、砂輪饋送位置之間的關係。圖 8-20 為凸輪磨削過程示意圖。從圖 8-20 中可知若採用恆角速度加工磨削，基圓磨削時磨削點線速度恆定；而在曲率變化較大的推程段與回程段，磨削點 A 的速度會發生劇烈變化，導致凸輪磨削過程中磨削精度下降，凸輪輪廓表面受到影響。本節通過優化旋轉軸 C 軸轉速，使得凸輪在曲率變換範圍較大的區域進行變速處理，最終達到凸輪準恆線速度磨削。

　　在圖 8-20 中，磨削點 A 的微動量 ds 可表示為：

$$ds = \sqrt{(d\rho)^2 + (\rho d\delta)^2} \tag{8-38}$$

　　式中，ρ 為磨削點 A 到凸輪圓心 O_1 的距離；δ 為磨削點 A 相對於起始磨削位置所對應的角度。

　　則磨削點 A 的磨削速度 V_s 可表示為：

$$\mathrm{d}s=\sqrt{(\mathrm{d}\rho)^2+(\rho\mathrm{d}\delta)^2} \tag{8-39}$$

$$V_s=\frac{\mathrm{d}s}{\mathrm{d}t}=\sqrt{\left(\frac{\mathrm{d}\rho}{\mathrm{d}\delta}\right)^2+\rho^2}\times\frac{\mathrm{d}\delta}{\mathrm{d}t}=\sqrt{\left(\frac{\mathrm{d}\rho}{\mathrm{d}\delta}\right)^2+\rho^2}\times\frac{\mathrm{d}\delta}{\mathrm{d}\phi}\times\frac{\mathrm{d}\phi}{\mathrm{d}t} \tag{8-40}$$

式中，ϕ 為凸輪旋轉軸相對於起始位置所旋轉過的角度，則旋轉軸轉速可表示為：$\dfrac{\mathrm{d}\phi}{\mathrm{d}t}=\omega$。

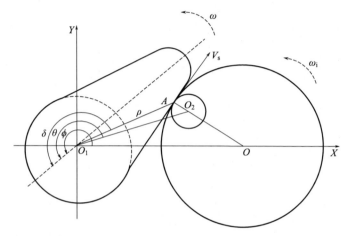

圖 8-20　凸輪磨削過程示意圖

為了方便求取，假設凸輪在基圓磨削過程中角速度恆定為 ω_i，基圓半徑為 r，凸輪磨床採取恆線速度磨削時，旋轉軸旋轉角速度可表示為：

$$\omega=\frac{\omega_i r}{\sqrt{\left(\dfrac{\mathrm{d}\rho}{\mathrm{d}\delta}\right)^2+\rho^2}\times\dfrac{\mathrm{d}\delta}{\mathrm{d}\phi}} \tag{8-41}$$

由於凸輪磨削數控系統存在硬體系統限制範圍，該限制條件主要表現為存在單軸速度與加速度約束。其中旋轉軸 C 軸與饋送軸 X 軸的速度約束條件可表示為：

$$\begin{cases} \omega_c\leqslant\omega_{c\max} \\ V_x\leqslant V_{x\max} \end{cases} \tag{8-42}$$

式中，ω_c 為 C 軸旋轉角度；$\omega_{c\max}$ 為軸最大轉速；V_x 為 X 軸饋送速度；$V_{x\max}$ 為 X 軸最大饋送速度。

凸輪磨床加速度同樣需要滿足一定的系統硬體條件，主要約束條件為：

$$\begin{cases} \alpha_c < \alpha_{c\max} \\ a_x < a_{x\max} \end{cases} \tag{8-43}$$

式中，α_c 為 C 軸加速度；$\alpha_{c\max}$ 為 C 軸最大旋轉加速度；a_x 為 X 軸饋送加速度；$a_{x\max}$ 為 X 軸最大饋送加速度。

凸輪在磨削過程中若磨削線速度過大，容易造成凸輪工件表面磨削溫度過高，造成凸輪工件表面燒傷等問題，影響零件表面粗糙度，所以凸輪磨削線速度同樣存在約束條件，即：

$$V_{\text{line}} \leqslant V_{\text{lineM}} \tag{8-44}$$

式中，V_{line} 為凸輪磨削線速度；V_{lineM} 為保證凸輪磨削工件表面粗糙度合格的最大線速度。為了保證凸輪輪廓表面品質，凸輪磨削線速度必須小於保證凸輪磨削工件表面粗糙度合格的最大線速度。

8.2.2　基於恆當量磨削厚度的速度優化

對人工磨削誤差修正方法的研究，讓我們明白了多次離線人工補償能夠在一定程度上提升加工精度與工件品質。在 CNC 數控磨床加工中凸輪軸或者凸輪片屬於需要批量加工的物品，即在零件磨削過程中同樣的加工軌跡將被多次磨削，在該情況下可採用 Cycle-to-Cycle 回饋控制進行磨削過程優化。

基於週期循環的回饋控制（Cycle-to-Cycle 回饋控制），是由麻省理工大學的 Hard D Ed 等人[10]提出的，主要控制思想為將每次加工過程看成是一個週期，在每個加工週期後進行測量，通過當前週期最終輸出的資訊來回饋到下一個週期，即在逐次循環的過程中利用上一個週期的磨削資訊來指導本週期的磨削過程，如圖 8-21 所示。

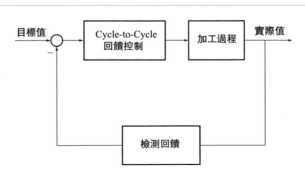

圖 8-21　Cycle-to-Cycle 回饋控制圖

當凸輪旋轉軸採用恆角速度磨削加工時，凸輪磨床在磨削過程中磨削點的線

速度隨著凸輪輪廓曲率變化在發生著較大的波動，則磨削過程中當量磨削厚度同樣在發生較大波動[11]。在加工過程中當量磨削厚度波動較大時，加工零件的磨削精度很難得到有效保證，此時採取恆角速度磨削，即使採用 Cycle-to-Cycle 回饋控制方法，凸輪磨削精度也很難得到較大提高。而採取準恆線速度磨削時，雖然能夠保證加工過程中，當量磨削厚度近似相等，但是由於軸匹配度和磨削點相對磨削速度和磨削饋送速度不一致等因素，造成實際磨削過程中理論磨削量和實際磨削量是不相等的，所以需要再次優化凸輪磨削轉速，提出將 Cycle-to-Cycle 回饋控制方法運用於凸輪磨削優化過程中[12]。

當磨削過程中採取準恆線速度磨削時，由於存在多種原因造成磨削過程中理論磨削當量與實際磨削當量不同，為了補償這部分磨削當量，並結合 Cycle-to-Cycle 回饋控制方法，提出的優化策略為：

$$h_{eq} = h_{eqt} + h_{eqi} - h_{eqv} \tag{8-45}$$

式中，h_{eq} 為實際當量磨削厚度；h_{eqt} 為理論當量磨削厚度；h_{eqv} 為切點追蹤過程產生的附加當量磨削厚度；h_{eqi} 為補償的當量磨削厚度。

為了使實際當量磨削厚度與理論當量磨削厚度相等，令：

$$h_{eqi} = h_{eqv} = \frac{\Delta a_p V_w}{V_s} \tag{8-46}$$

式中，V_s 為砂輪磨削速度；V_w 為凸輪磨削線速度；Δa_p 為上次磨削後測量得到的實際凸輪磨削深度。已知在凸輪加工過程中砂輪的磨削速度 V_s 保持不變，補償前的凸輪磨削線速度也是相同的。此時當量磨削厚度僅與 Δa_p 相關。通過補償磨削深度 Δa_p 可以實現當量磨削厚度的補償，接著將 Δa_p 進行水平解，得到水平方向的補償量 ΔX。

在得到水平方向的補償量後，可以通過修正 C 軸與 X 軸對應關係曲線來實現凸輪磨削軌跡修正。但若直接將產生的補償量進行補償，會頻繁修改 C 軸和 X 軸的對應關係，不利於凸輪磨削系統的穩定，且砂輪架的慣性較大，較難滿足 X 軸的快速追蹤的性能，所以該方法適用性不大。

由於凸輪磨削成形過程是在饋送軸 X 軸和旋轉軸 C 軸的聯動配合下完成的，當饋送軸 X 軸和旋轉軸 C 軸對應關係曲線對應時，凸輪輪廓曲線即確定，如圖 8-22所示。所以在磨削過程中兩軸存在著一定的對應關係，可表示為：

$$X_L = f(\omega_c) \tag{8-47}$$

式中，X_L 代表饋送軸與凸輪圓心之間的距離；ω_c 代表凸輪軸轉速。

通過 Cycle-to-Cycle 回饋得到修正後的 X 軸砂輪運動軌跡和未修正的 C 軸

轉速，通過內推可得到修正後的 C 軸轉速和未改變的 X 軸饋送軌跡，將 X 軸補償量轉換為 C 軸轉速。具體步驟如下所示：

$$X_{\mathrm{L}}+\Delta X_{\mathrm{L}}=f(\omega_c) \tag{8-48}$$

該轉化過程等價於：

$$\omega_c+\Delta\omega_c=f(X_{\mathrm{L}}) \tag{8-49}$$

在得到 X 軸的補償量 ΔX_{L} 後可以通過轉化模型將補償量疊加到 C 軸轉速中，實現凸輪磨削轉速優化。由於補償量 ΔX_{L} 未經過優化直接疊加存在諸多問題，例如某一區域內補償量突變，若未經過調整直接通過轉化模型求取 C 軸轉速，可能會導致求得的磨削轉速在某一區間內變化極大，進而導致磨削精度降低。為了防止這種情況的出現，需要進行下一步優化。

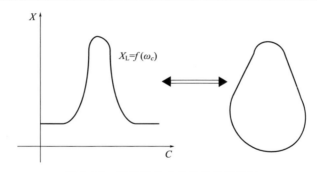

圖 8-22　對應關係曲線與凸輪示意圖

8.2.3　基於遺傳演算法的凸輪轉速優化

遺傳演算法[13-15]是一種根據優勝劣汰的自然進化規則來搜尋、計算和求解問題的模仿遺傳活動而形成的一種人工智慧演算法，主要用於搜尋最佳解問題。該演算法最早在 1975 年由密西根大學的約翰‧霍蘭德提出，主要思想為從一組初始值開始搜尋求解該問題最佳值，將某一組解稱為一個種群，其中種群通過基因編碼方式組成且個體數由個人確定，其中將單獨個體稱為染色體，染色體又通過交叉、變異、選擇等方式形成新的個體，個體利用適應度函數，按照適者生存的自然進化法則進行淘汰進化，通過若干代進化得到最佳個體作為問題最佳解。在我們進行遺傳演算法優化之前，首先了解遺傳演算法中幾個基本要素。

① 種群：由一定數量的個體組構成一個群體，主要作為遺傳演算法的某組特解，其中可以根據特殊要求按照某些限制條件產生種群。

　　② 適應度函數：主要作為區分種群個體好壞的主要評價指標，是進行遺傳選擇的依據。

　　③ 交叉過程：將種群中的個體基因串，以某種方式進行交叉替換，從而產生新的個體。

　　④ 變異過程：對種群中某些個體基因進行一定的改動，實現遺傳演算法的變異過程。

　　⑤ 選擇過程：將優秀的個體基因選擇出來，通過交叉配對的方式產生新的子代。

　　遺傳演算法主要優化過程如圖 8-23 所示。

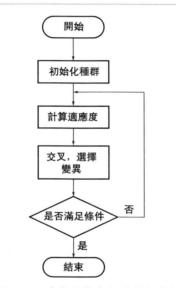

圖 8-23　遺傳演算法主要優化過程

　　國內外開發了許多遺傳演算法相關工具箱，其中具有代表性的是英國謝菲爾德大學 Peter Fleming 等人開發的謝菲爾德工具箱[16]，還有美國北卡羅萊納州立大學 Michael G. Kay 等人開發的 GAOT 遺傳演算法工具箱[17]。GAOT 工具箱為 MATLAB 自帶工具箱，在 MATLAB2011 中已經集成於最佳工具箱之中，其操作簡單、流傳較廣，所以本文選擇 GAOT 工具箱進行遺傳演算法進行速度曲線優化。

　　為了得到最好的磨削週期優化速度，本節利用 GAOT 遺傳演算法工具箱進行再次優化。通過遺傳演算法再次調整補償量 ΔX，使得 C 軸磨削速度能夠得到再次優化，避免補償後 C 軸與 X 軸速度與加速度出現部分區域波動過大的問題。並且優化後的速度同樣需要滿足磨床饋送軸（X 軸）和旋轉軸（C 軸）的速度與加速度的限制調節。通過分析後得到，直接將所有的參數點都進行優化參數過大，也不利於演算法收斂，所以在進行優化之前先去除一部分對優化結果影響不大的區間，只對速度影響大的局部區域進行優化。

　　以圖 8-24 為例，在對凸輪磨削速度曲線進行優化時，基圓部分不做優化，主要對凸輪曲率變化較大的非基圓部分，選取合理的參數點進行分段修正。具體步驟為：首先通過 Cycle-to-Cycle 回饋控制獲得凸輪補償曲線，接著將補償曲線進行分段處理，最後對分段曲線建立優化目標函數。在建立目標函數的過程中，應考慮到補償量可能會影響到凸輪磨削的線速度、C 軸角加速度。

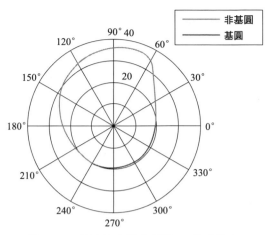

圖 8-24　凸輪輪廓極座標圖（電子版）

所以分別考慮以上內容後，建立優化目標函數為：

$$F(\Delta X_1^i, \Delta X_2^i, \cdots, \Delta X_n^i) = a_1 J_1 + a_2 J_2 \tag{8-50}$$

式中，ΔX_n^i 為第 i 次循環時第 n 點時調整後的補償量；J_1 為凸輪最大線速度與最小線速度之間的差值；J_2 為 C 軸最大角加速速度；a_1、a_2 為相關權重係數。

所以通過分析將上述優化問題轉化為：

$$\min F(\Delta X_1^i, \Delta X_2^i, \cdots, \Delta X_n^i) \tag{8-51}$$

式 (8-51) 主要是在一定範圍內調整 Cycle-to-Cycle 回饋控制獲得的補償量，使得目標函數的值在一定範圍內達到最小。其中補償量存在邊界值，邊界值範圍可以表示為：

$$\min_j \leqslant \Delta X_j^i \leqslant \max_j \tag{8-52}$$

通過完成以上步驟，可以利用動態速度優化方法求得一組較優的磨削速度曲線[18]。為了方便與傳統的恆角速度磨削和準恆線速度磨削對比分析，本次優化過程中採用長春第一機床廠有限公司提供的 012W 型凸輪升程數據表，將 012W 型凸輪升程數據作為理論凸輪升程，進行插值處理等處理。其中凸輪的基圓半徑選擇為 16.8mm，凸輪磨床砂輪直徑為 36mm，從動輪半徑為 1mm，本次磨削厚度為 1mm。磨削中假設 C 軸的最大速度為 $\omega = 1.5\text{rad/s}$，最大加速度為 $\alpha = 0.5\text{rad/s}^2$。

圖 8-25、圖 8-26 為求取後的凸輪升程曲線與輪廓曲線。在得到凸輪升程曲

線之後，利用 MATLAB 中的 m 文件編寫求解 C 軸與 X 軸對應關係曲線，求得曲線如圖 8-27 所示。

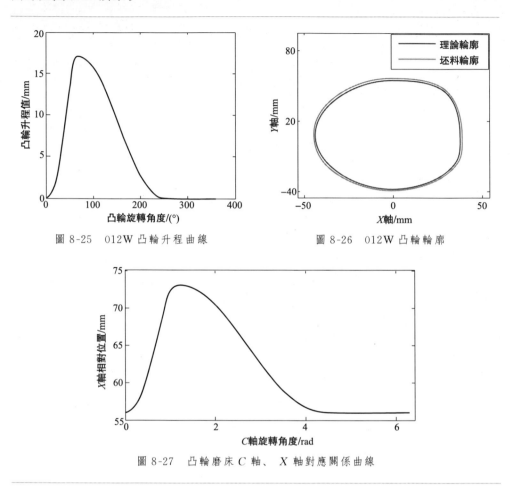

圖 8-25　012W 凸輪升程曲線　　　　圖 8-26　012W 凸輪輪廓

圖 8-27　凸輪磨床 C 軸、X 軸對應關係曲線

8.2.4　磨削轉速動態優化仿真分析

　　在得到凸輪磨削仿真系統與仿真凸輪參數後，我們首先利用 MATLAB 中的 m 文件編寫速度順心法模型，求解準恆線速度磨削條件下 C 軸轉速曲線。比較恆角速度磨削與準恆線速度磨削時凸輪工件磨削仿真加工情況，並對加工結果進行深入分析。利用準恆線速度磨削方法求得的 C 軸轉速曲線如圖 8-28 所示。

　　接著分別對準恆線速度磨削與恆角速度磨削時凸輪輪廓誤差進行分析。從圖 8-29 中可知，凸輪在恆角速度磨削條件下輪廓誤差在 $0.01 \sim -0.03$mm 範圍之中，準恆線速度磨削時輪廓誤差在 $0.01 \sim -0.02$mm 範圍之內，且正向、負

向誤差最大值都明顯降低。仿真結果表明，通過採取準恆線速度磨削的方法，能在一定程度上提高磨削精度。

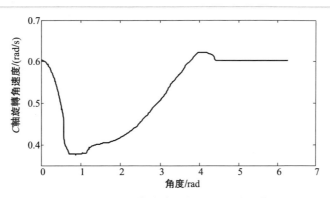

圖 8-28　準恆線速度磨削 C 軸轉速曲線

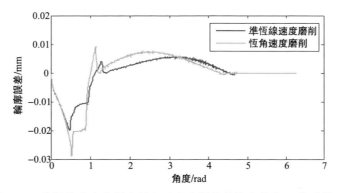

圖 8-29　準恆線速度磨削與恆角速度磨削凸輪輪廓誤差（電子版）

　　步驟 1：根據 Cycle-to-Cycle 回饋控制原理，通過測量凸輪磨削過程中的磨削速度與磨削後的加工厚度，水平分解後求得 X 軸方向的補償量，將磨削補償曲線進行分段，分段曲線如圖 8-30 所示。

　　步驟 2：對圖 8-30 中的補償曲線進行處理。其中區間④是凸輪的基圓部分，不進行處理，主要針對區間①、②、③分別進行優化，每段分段區間中的採樣為 3°一個點，採用遺傳優化演算法進行優化，優化目標函數為：

$$F(\Delta X_1^1, \Delta X_2^1, \cdots, \Delta X_n^1) = a_1 J_1 + a_2 J_2 \tag{8-53}$$

　　考慮本節是在準恆線速度磨削基礎上進行優化的，各個磨削點之間的線速度變化不大，所以有關線速度的係數權重選擇得相對較小，而加速度影響權重係數選擇得相對較大，所以 a_1 選擇為 0.3，a_2 選擇為 0.5。完成權重係數選取後，

編寫適應度函數 GAneedData，再利用 MATLAB 最佳工具箱中的 GAOT 遺傳演算法工具箱進行優化。

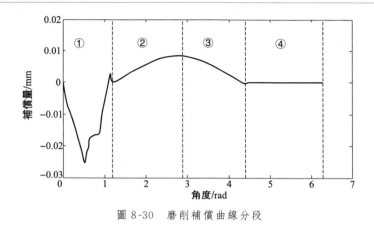

圖 8-30　磨削補償曲線分段

圖 8-31 為 GAOT 遺傳演算法工具箱，其中各參數設置如表 8-1 所示。

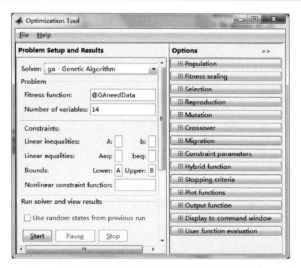

圖 8-31　GAOT 遺傳演算法工具箱

表 8-1　GAOT 遺傳演算法工具箱主要參數設置

選項	參數設置
Population （種群）	種群類型:雙精度向量
	種群大小:20

SS,J * 2;Y2＜續表

選項	參數設置
Population （種群）	創建函數:均勻隨即分布初始種群
	初始種群:默認值
	初始目標:默認值
	初始範圍:默認值
Fitness Scaling （適應度縮放比例）	尺度函數:Rank（根據個體適應度值排列）
Selection （選擇參數）	選擇函數:Stohastic uniform（隨機均勻分布）
Reproduction （再生參數）	生存到下代個數:2
	下代不同於原種群的個數:0.7
Mutation （變異參數）	變異函數:Uniform（均勻分布）
	變異率:0.02
Crossover （交叉參數）	交叉函數:Single Point（單點交叉）
Migration （遷移參數）	遷移方向:Forward（遷移發生在下個種群）
	間隔:20 代
	百分比:20％
Constraint parameters （限制參數）	默認值
Hybrid function （混合參數）	無
Stopping criteria （停止條件參數）	停滯代數超過 40 代
Plot Functions （畫圖函數）	默認值
Output function （輸出函數）	默認值
Display to command window （顯示到命令窗口函數）	默認值
User function evaluton （用戶函數估計）	默認值

　　遺傳演算法分為三段優化，其中參數優化過程如圖 8-32～圖8-34 所示。
最終利用遺傳演算法求得分段補償段曲線優化後的結果如圖 8-35 所示。

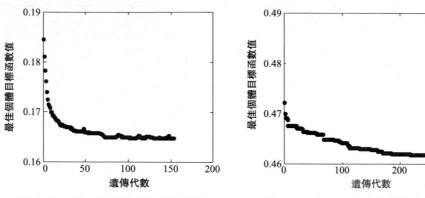

圖 8-32　第一段曲線參數優化過程　　　　圖 8-33　第二段曲線參數優化過程

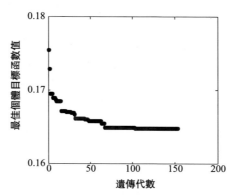

圖 8-34　第三段曲線參數優化過程

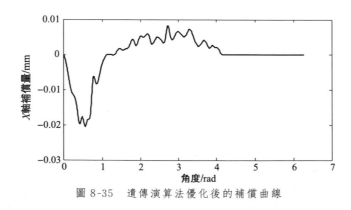

圖 8-35　遺傳演算法優化後的補償曲線

　　步驟 3：根據 C 軸與 X 軸存在的轉換關係，將優化後的補償量疊加在上一磨削週期的速度曲線中，求得優化後的 C 軸速度曲線如圖 8-36 所示。

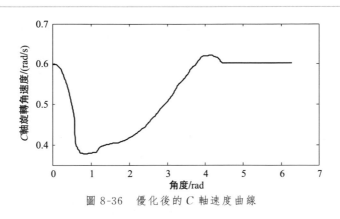

圖 8-36　優化後的 C 軸速度曲線

　　以圖 8-36 所示速度作為新的輸入速度，開始本週期的數控凸輪磨削。在本
週期的加工過程中，磨削精度若還未達到要求，則重複步驟一至步驟三，求取新
的速度曲線作為下一個磨削週期的 C 軸輸入速度曲線，直到加工精度符合要求，
將此時的 C 軸輸入速度曲線作為凸輪磨削的最終加工速度，用於批量凸輪磨削
加工之中。為了進一步驗證演算法的可靠性與實用性，分別對準恆線速度磨削與
動態速度優化方法進行仿真研究，比較這兩種優化方法的磨削精度，得到準恆線
速度磨削與動態速度優化方法曲線如圖 8-37 所示。

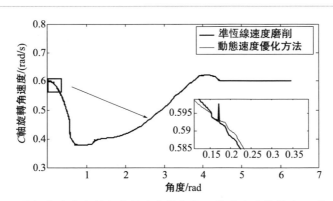

圖 8-37　準恆線速度磨削與動態速度優化後 C 軸速度曲線對比（電子版）

　　兩種磨削演算法的凸輪輪廓誤差曲線和 C 軸加速度曲線如圖 8-38 與圖 8-39
所示。

　　下面對比各優化方法的主要評價參數，如表 8-2 所示。

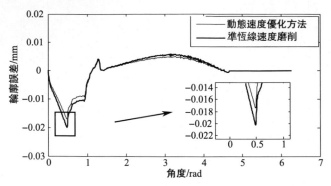

圖 8-38　兩種磨削演算法的輪廓誤差曲線　（電子版）

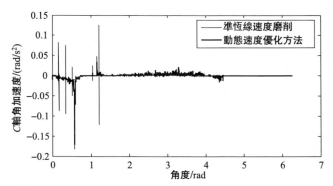

圖 8-39　兩種磨削演算法 C 軸加速度曲線　（電子版）

表 8-2　凸輪磨削測量參數對照表

對比	恆角速度	準恆線速度	動態速度優化
最大正向輪廓誤差/μm	9.20	4.35	3.94
最大負向輪廓誤差/μm	-29.40	-21.10	-17.20
最大正向角加速度/(rad/s^2)	0.000	-0.1720	-0.1840
最大反向角加速度/(rad/s^2)	0.000	0.0320	0.1240

　　凸輪要求輪廓精度為 $\pm20\mu$m 內的輪廓誤差為合格，通過表 8-2 可知恆角速度磨削時存在負向輪廓誤差超差的情況，凸輪加工工件不符合精度要求。準恆線速度磨削時凸輪的負向輪廓誤差與正向輪廓誤差得到了減少，但負向輪廓誤差仍存在超差。採取動態速度優化後，正負向輪廓誤差得到進一步的減小，磨削過程中速度曲線得到進一步優化。

　　本節選取了一組曲率變化較大的凸輪進行仿真驗證，分別對比了恆角速度磨削、準恆線速度磨削與本節提出的動態速度優化方法。通過仿真驗證後得知，採

取恆角速度磨削時，加工精度最低。採取準恆線速度磨削時，磨削精度相比於恆角速度磨削時會有較大的提升。為了進一步提高磨削精度，可採取凸輪磨削轉速動態優化方法，對凸輪磨削角速度進行再次優化，補償磨削過程中產生的附加當量磨削厚度。通過仿真實驗證明本節提出的優化方法能進一步提高磨削精度，優化效果較為明顯。

參考文獻

[1] 張之紅，張淑玲．特殊工件磨削加工的數學建模[J]．佳木斯職業學院學報，2012 (3)：410-411.

[2] 韓京清．一類不確定對象的擴張狀態觀測器[J]．控制與決策，1995，(1)：85-88.

[3] 王洪，許世雄，王東昱．自適應進給速度的凸輪軸磨削插補算法研究[J]．內燃機與配件，2010 (9)：23-26.

[4] LI S, YANG J, CHEN W H, et al. Generalized extended state observer based control for systems with mismatched uncertainties [J]. IEEE Transactions on Industrial Electronics, 2012, 59 (12)：4792-4802.

[5] SHE J, ZHANG A, LAI X, et al. Global stabilization of 2-DOF underactuated mechanical systems — an equivalent-input-disturbance approach [J]. Nonlinear Dynamics, 2012, 69 (1-2)：495-509.

[6] DONG J, FERREIRA P M, STORI J A. Feed-rate optimization with jerk constraints for generating minimum-time trajectories [J]. International Journal of Machine Tools & Manufacture, 2007, 47 (12-13)：1941-1955.

[7] 侯靜強，李震杰，梁瑞容，等．淺談磨削加工中的振動[J]．中國科技信息，2008 (22)：154-154.

[8] 李啓光．凸輪磨削輪廓誤差機理及精度提高方法研究[D].北京：機械科學研究總院，2014.

[9] 張迎春，張艷萍，黃建偉．由弧長確定磨削凸輪時的變速規律[J]．機械工程師，2000 (8)：49-51.

[10] 李勇．影響數控凸輪軸磨削加工精度若干因素的研究[D].武漢：華中科技大學，2004.

[11] 高麗萍，李郝林．凸輪當量升程誤差的測量方法[J]．儀器儀表學報，2004，25 (z1)：718-719.

[12] PODMAJERSKÝ M, FIKAR M, CHACHUAT B. Measurement-based optimization of batch and repetitive processes using an integrated two-layer architecture [J] . Journal of Process Control, 2013, 23 (7)：943-955.

[13] XIE J, ZHOU R M, XU J, et al. Form-truing error compensation of diamond grinding wheel in CNC envelope grinding of free-form surface [J] . The International Journal of Advanced Manufacturing Technology, 2010, 48 (9)：905-912.

[14] CUI G, LU Y, LI J, et al. Geometric error compensation software system for CNC machine tools based on NC program reconstructing[J]. International Journal of

Advanced Manufacturing Technology, 2012, 63 (63)：169-180.

[15]　周明，孫樹棟．遺傳算法原理及應用［M］．北京：國防工業出版社，1999．

[16]　DONG S L, JIN Y C, CHOI D H. New ICA based thermal error compensation system［C］. International Conference on Neural Information Processing, 2002, 3 ：1378-1382.

[17]　HOUCK C R, JOINES J A, KAY M G. A genetic algorithm for function optimization: a MATLAB implementation.GAOT 工具箱手冊電子版，1995．

[18]　鄧虎．基於神經網絡和遺傳算法的凸輪軸數控磨削工藝參數優化［D］. 長沙：湖南大學，2008．

第9章

凸輪磨削誤差補償

9.1 凸輪磨削誤差補償的基本原理

在實際凸輪過程中，同一批凸輪零件在同型號磨床中且在相同區域內，存在磨削精度不符合加工要求的情況，這批零件總是在曲率較大處存在凸輪升程誤差超差。對於該情況，傳統的方法是先磨出 1 個或 1 批零件，然後通過人工修正後再次試磨。這一過程實際上就是 Cycle-to-Cycle 控制。

人工磨削誤差修正本質上是一種離線人工補償優化方法，其模型如圖 9-1 所示。在獲得凸輪磨床產生第一個凸輪零件後，利用凸輪輪廓測量儀器測量升程誤差，接著將測量得到的凸輪輪廓誤差，通過人工估算的方式對應修正凸輪輪廓。通過多次修改人工修正凸輪輪廓，來達到凸輪輪廓誤差補償的目的。在大多數情況下通過多次修正可以達到提高磨削精度的目的。

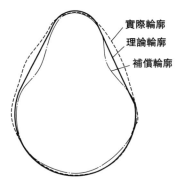

實際輪廓
理論輪廓
補償輪廓

圖 9-1　人工補償優化模型示意圖

通過人工修改軸與軸對應關係曲線來達到誤差修正的方法，理論簡單易於理解。但該方法的缺點也是顯而易見的，即過於依靠工作人員的經驗，操作難度較大，且磨削加工優化效率太低。但該磨削循環優化的思想具有一定的借鑑意義，可以應用於之後的凸輪磨削演算法優化之中。

9.2 基於疊代學習控制的交叉耦合控制

9.2.1 基本原理

兩個軸的追蹤誤差，輪廓誤差，以及包括摩擦力、轉矩波動和機械振動在內的各種干擾信號在磨削的每個週期都顯示出一定的重複性[1]。

輪廓誤差傳遞函數（Contouring Error Transfer Function，CETF）的概念由 Yeh 等人引入到交叉耦合控制中[2-4]，此概念對耦合控制系統生成的輪廓誤差與未耦合控制系統生成的輪廓誤差的動態關係進行了解釋。

由 PID 控制的交叉耦合控制器結構圖（見參考文獻［4］）可得，採用 PID 控制的 CCC（交叉耦合控制器）的輪廓誤差為：

$$\varepsilon = \frac{1}{(1+G_yK_{py})(1+G_xK_{px})+(1+G_yK_{py})CC_x^2G_x+(1+G_xK_{px})CC_y^2G_y}$$
$$\left[-C_x(1+G_yk_{py})r_x+C_y(1+G_xk_{px})r_y\right]$$

$$(9-1)$$

如圖 9-2 所示為兩軸獨立控制時的輪廓誤差模型，由此可得無 CCC 控制的輪廓誤差為：

$$\varepsilon_0 = \frac{1}{(1+K_{px}G_x)(1+K_{py}G_y)}\left[-C_x(1+G_yk_{py})r_x+C_y(1+G_xk_{px})r_y\right]$$

$$(9-2)$$

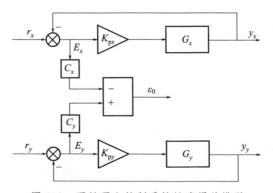

圖 9-2　兩軸獨立控制系統輪廓誤差模型

比較 ε 與 ε_0 可得：

$$\varepsilon = H\varepsilon_0 = \frac{1}{1+CK}\varepsilon_0 \tag{9-3}$$

式中，C 是設計的 PID 交叉耦合控制器，$H=1/(1+CK)$ 為 CETF 輪廓誤差傳遞函數。

$$K = \frac{(1+G_yK_{py})C_x^2G_x + (1+G_xK_{px})C_y^2G_y}{(1+G_yK_{py})(1+G_xK_{px})} \tag{9-4}$$

C 軸和 X 軸的輸入值均屬於重複的序列值，因此輪廓誤差也是週期值。考慮輪廓誤差補償系統，選擇 RLC 應用到輪廓誤差的補償控制中。控制目標是隨著時間趨於無窮大時輪廓誤差 ε 可以趨於 0。基於 RLC 的交叉耦合控制器結構如圖 9-3 所示，其中 RLC 控制結構如圖 9-4 所示。

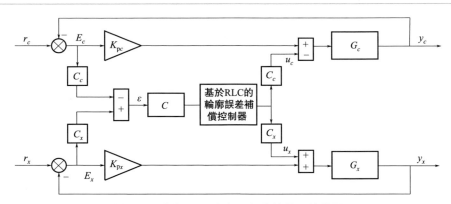

圖 9-3　基於 RLC 的交叉耦合控制器結構圖

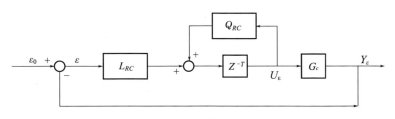

圖 9-4　RLC 控制結構圖

圖 9-4 中，$G_c = CK$ 是此時的被控對象；Y_ε 是輸出；Q_{RC} 和 L_{RC} 分別為 Q-濾波器和 L-濾波器。

選取的控制律如下：

$$U_\varepsilon(t) = Q_{RC}U_\varepsilon(t-T) + L_{RC}\varepsilon(t-T) \tag{9-5}$$

誤差為：

$$\varepsilon(t)=\varepsilon_0(t)-Y_\varepsilon(t)$$

$$=\varepsilon_0(t)-G_c[Q_{RC}U_\varepsilon(t-T)+L_{RC}\varepsilon(t-T)]$$

$$=[\varepsilon_0(t)-G_cQ_{RC}U_\varepsilon(t-T)]-G_cL_{RC}\varepsilon(t-T)$$

$$=[\varepsilon_0(t-T)-U_\varepsilon(t-T)]+(1-G_cQ_{RC})U_\varepsilon(t-T)-G_cL_{RC}\varepsilon(t-T)$$

$$=(1-G_cL_{RC})\varepsilon(t-T)+(1-G_cQ_{RC})U_\varepsilon(t-T)$$

$$(9\text{-}6)$$

因此可得：

$$\begin{bmatrix}U_\varepsilon(t)\\\varepsilon(t)\end{bmatrix}=\begin{bmatrix}Q_{RC}&L_{RC}\\1-G_cL_{RC}&1-G_cQ_{RC}\end{bmatrix}\begin{bmatrix}U_\varepsilon(t-T)\\\varepsilon(t-T)\end{bmatrix}$$

$$=\begin{bmatrix}Q_{RC}&L_{RC}\\1-G_cL_{RC}&1-G_cQ_{RC}\end{bmatrix}^2\begin{bmatrix}U_\varepsilon(t-2T)\\\varepsilon(t-2T)\end{bmatrix}$$

$$=\begin{bmatrix}Q_{RC}&L_{RC}\\1-G_cL_{RC}&1-G_cQ_{RC}\end{bmatrix}^3\begin{bmatrix}U_\varepsilon(t-3T)\\\varepsilon(t-3T)\end{bmatrix} \qquad (9\text{-}7)$$

$$=\cdots$$

$$=\begin{bmatrix}Q_{RC}&L_{RC}\\1-G_cL_{RC}&1-G_cQ_{RC}\end{bmatrix}^k\begin{bmatrix}U_\varepsilon(t-kT)\\\varepsilon(t-kT)\end{bmatrix}$$

對於 RLC 收斂的必要條件如式(9-8) 所示。

$$\left\|\begin{matrix}Q_{RC}&L_{RC}\\1-G_cL_{RC}&1-G_cQ_{RC}\end{matrix}\right\|<1 \qquad (9\text{-}8)$$

考慮圖 9-4 中的控制結構，傳遞函數為：

$$U_\varepsilon=\frac{Z^{-T}L_{RC}}{1-Z^{-T}Q_{RC}}\varepsilon \qquad (9\text{-}9)$$

閉環特徵方程為：

$$1+\frac{Z^{-T}L_{RC}}{1-Z^{-T}Q_{RC}}=0 \qquad (9\text{-}10)$$

系統穩定性充要條件是 $|Z|\leqslant1$。所以，可以得到以下方程：

$$|Q_{RC}-L_{RC}|\leqslant1 \qquad (9\text{-}11)$$

因此，控制器的設計必須同時滿足式(9-8) 和式(9-11)。

9.2.2　仿真實驗與結果分析

為了驗證基於重複學習控制的交叉耦合控制的有效性，首先進行數位仿真實

驗，與 PID 交叉耦合控制進行對比。在交叉耦合補償控制器中，根據試湊法，得出 PID 參數分別選取為：$K_p = 0.05$，$K_i = 0.03$，$K_d = 0$；根據式(9-8) 和式(9-11)的約束，RLC 的各個因子分別設置為：$L_{RC} = 0.01$，$Q_{RC} = 0.05$。選取凸輪片 B 進行加工磨削仿真，結果如圖 9-5 所示，RLC 與 PID 綜合的交叉耦合控制可以將輪廓誤差的最大值由單獨使用 PID 交叉耦合時的 0.82mm 減小到 0.41mm，控制精度得到了明顯的提高。

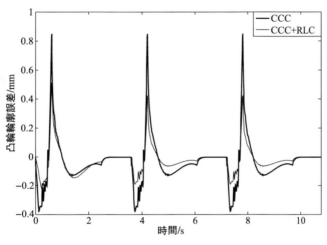

圖 9-5　凸輪輪廓誤差對比圖 （電子版）

9.3　凸輪磨削的仿形追蹤誤差補償

要實現高精度的磨削，首先要定義輪廓誤差，利用這一指標來衡量磨削效果的優劣。為了提高磨削精度，減小輪廓誤差，就必須分析輪廓誤差的來源，其中由兩運動軸各自的追蹤誤差而導致的輪廓誤差較為明顯。從提高追蹤精度這一角度，又有兩種策略：一種是獨立地提高兩伺服系統追蹤精度，針對單軸設計前饋控制加回饋控制。由於沒有考慮兩運動軸的耦合工作特點，這種方案效果一般。另一種從提高兩運動軸的良好配合角度來提高磨削精度，實現兩運動軸合成的運動軌跡對凸輪輪廓曲線的高精度追蹤。這種方案較第一種方案具有全局性，抓住了輪廓磨削過程這一主要矛盾，因此具有較好的磨削效果。

9.3.1 仿形追蹤

通過前面的分析，我們將升程表中角度和升程轉換為凸輪磨床兩運動軸的輸入數據，即 C 軸的旋轉角度以及 X 軸砂輪的位置，而旋轉角度和位置是一一對應的，因此即可得 $X(C)$ 這一函數關係，而這一函數的自變數和因變數的關係就是 X 軸對 C 軸的追蹤過程，從動軸 X 軸對主導軸 C 軸的追蹤方式不同，最終實現的磨削精度也會有差別。

（1） X 軸對 C 軸理論值的追蹤

X 軸對 C 軸理論值追蹤的結構圖如圖 9-6 所示，兩運動軸分別得到理論輸入，各自獨立運動，並沒有資訊交換。這種追蹤方式的特點是，輪廓誤差完全取決於單軸的追蹤精度，若某一軸有擾動，另外一軸的運動不會受到影響，從而在最後的磨削輪廓上會產生比較大的誤差。利用這種追蹤方式，提高磨削精度的重點在於提高單軸追蹤精度，各運動軸屬於單軸閉環，而整個磨削系統總體開環。

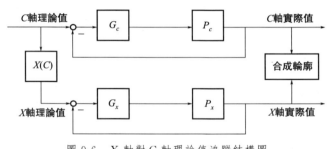

圖 9-6 X 軸對 C 軸理論值追蹤結構圖

（2） X 軸對 C 軸實際值的追蹤

X 軸對 C 軸實際值追蹤的結構圖如圖 9-7 所示，將 C 軸實際輸出轉角經 $X(C)$ 函數變換後輸入給 X 軸，兩運動軸有了因果關係，與對理論值的追蹤方式比較來看，兩運動軸有資訊傳遞過程，C 軸追蹤精度的重要性相對下降，輪廓誤差的大小取決於 X 軸的追蹤精度，只要 X 軸有良好的追蹤精度，就能實現高品質的加工，擾動對最終輪廓的影響有所降低。但是由於資訊傳遞的滯後性，理論上 X 軸的追蹤誤差無法消除，並且這種方式對 X 軸的追蹤控制要求過高，凸輪工件往往會存在同步偏差。

（3） 仿形追蹤誤差補償

通過對前面兩種追蹤方式各自特點的分析，可以得到這樣的結論：單獨對凸輪輪廓理論值的追蹤無法協調兩個運動軸，對實際輪廓曲線的追蹤才是提高兩軸

配合精度的關鍵，兩軸在同時給定輸入資訊的前提下，X 軸如果能夠實現對 C 軸實際值的追蹤，就能夠結合以上兩種追蹤方式的優點，實現高精度磨削。

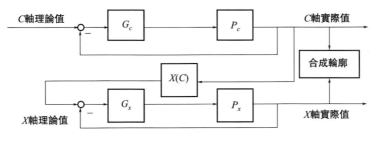

圖 9-7　X 軸對 C 軸實際值追蹤結構圖

　　圖 9-8 所示為仿形追蹤誤差補償結構圖[5]，C 軸的實際輸出轉角經過 $X(C)$ 函數後會求得砂輪中心點應處位置，再與測得的砂輪中心點的實際位置做差，即可得到仿形追蹤誤差。仿形追蹤誤差實質上是砂輪中心點位置的誤差，因此可將這部分資訊回饋到 X 軸的輸入數值序列，以此實現仿形追蹤誤差補償。圖 9-9 從 $X(C)$ 曲線上直觀地給出了仿形追蹤誤差，實線為理論加工曲線，點畫線為磨削的實際曲線，e 為仿形追蹤誤差。

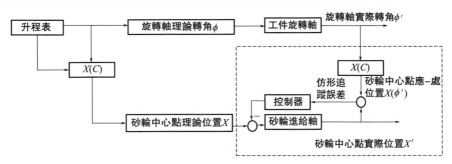

圖 9-8　仿形追蹤誤差補償結構圖

　　仿形追蹤，其名稱來源於它的工作特點類似於靠模仿形加工。在靠模仿形加工中，砂輪或刀具的運動軌跡並未直接給出，而是通過測量設備即時測量模具得來的。仿形追蹤與其類似，雖然具有理論輸入值，但 X 軸實際追蹤的曲線是由理論值和 C 軸實際運行情況共同決定的，並非單純的理論輸入。仿形追蹤不僅滿足兩軸輸入的同時性，還實現了兩軸協同配合，恰好符合提高兩運動軸的配合這一方案的要求，並且兩運動軸有資訊傳遞，屬於單軸閉環，系統總體也是閉環。

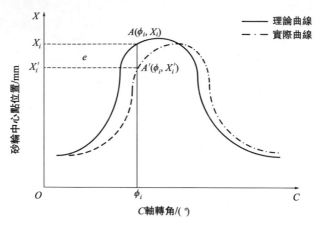

圖 9-9　X（C）　曲線上的仿形追蹤誤差

9.3.2　凸輪輪廓誤差模型

（1）經典輪廓誤差模型

凸輪的輪廓誤差是凸輪磨削的關鍵參數，是判別凸輪精度的標準。實現高精度磨削的最終目的就是使輪廓誤差盡可能地趨近於零，因此對輪廓誤差的定義以及分析研究就顯得至關重要。

由於砂輪不同的逼近方式就會有不同的輪廓誤差模型，通常的逼近方式多為直線逼近和圓弧逼近，而圓弧逼近較直線逼近具有更好的光滑程度和更低的誤差，因此實際生產中多採用圓弧逼近，一般的定義是實際位置與理論位置在凸輪理論輪廓曲線上對應點處法線方向上的偏差，如圖 9-10 所示。

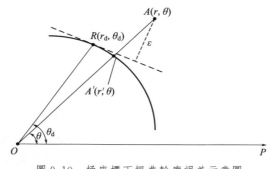

圖 9-10　極座標下經典輪廓誤差示意圖

圖 9-9 中，A 點為實際位置，R 點為理論位置，A′點是實際轉角在凸輪理

論曲線上對應的點，點 A 到點 R 的切線的距離 ε 即為輪廓誤差。

（2）仿形追蹤輪廓誤差模型

仿形追蹤的特點是 X 軸追蹤的是 C 軸實際輸出值，C 軸本身的輸出可以認為是無差追蹤。輪廓誤差是由 X 軸的饋送誤差決定的，因此運用經典的輪廓誤差模型不能直觀地反映仿形追蹤的運動狀況，必須建立仿形追蹤輪廓誤差模型。

如圖 9-11 所示，實線代表理論位置的砂輪輪廓，虛線代表實際位置的砂輪輪廓，A 點是理論磨削點，O_1 是砂輪圓心的理論位置，O_2 是理論磨削點圓弧逼近方式所對應圓弧圓心，座標原點 O 是工件的旋轉中心，O_1' 是砂輪圓心的實際位置，C 軸的旋轉角度為砂輪圓心與工件旋轉中心連線和基準線的夾角，即為圖 9-11 中的 θ。根據前面的分析，仿形追蹤誤差補償方式可以認為 C 軸無追蹤誤差，也就是 θ 值不變，輪廓誤差僅僅是 X 軸沿著 OO_1 這個方向的饋送誤差所產生的。由於 X 軸存在饋送誤差，A 點在砂輪上對應的點運動到了 A' 點，AB 是理論磨削點的切線，過 A' 作 AB 的垂線垂直於點 C'。

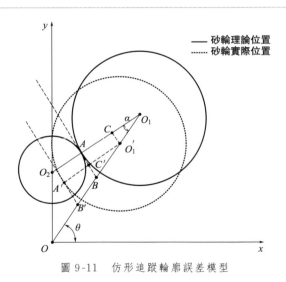

圖 9-11　仿形追蹤輪廓誤差模型

做以下定義。

① 仿形追蹤誤差：砂輪中心點的理論位置距砂輪中心點實際位置的差，用 e 表示。

② 輪廓誤差：理論磨削點在砂輪上的實際位置距理論磨削點切線方向的距離，用 ε 表示。

（3）輪廓誤差與仿形追蹤誤差之間的關係

仿形追蹤誤差補償是將仿形追蹤誤差作為回饋量實現兩軸的高精度協同運

動，直觀上看仿形追蹤誤差的減小同時會降低輪廓誤差，下面分析兩者的關係。

$$e = O_1 B' - O_1' B' = O_1 O_1' \qquad (9\text{-}12)$$

$$\varepsilon = A'C' = O_1 C \qquad (9\text{-}13)$$

$$\cos\angle OO_1 O_2 = \frac{O_1 C}{O_1 O_1'} = \frac{\varepsilon}{e} \qquad (9\text{-}14)$$

$$\varepsilon = e \cos\angle OO_1 O_2 \qquad (9\text{-}15)$$

由式(9-12)～式(9-15) 可知，在數值上輪廓誤差正比於仿形追蹤誤差，且比例係數小於等於 1，所以一旦仿形追蹤誤差滿足了精度的要求，那麼輪廓誤差肯定也是滿足要求的。

(4) 仿形追蹤誤差傳遞函數

下面對比仿形追蹤誤差在系統是否具有仿形追蹤誤差補償器情況下的傳遞函數關係。圖 9-12 和圖 9-13 分別為有無仿形追蹤誤差補償器兩種情況下的仿形追蹤誤差傳遞函數示意圖。

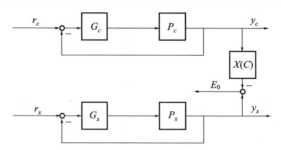

圖 9-12　未設計補償控制器時的仿形追蹤誤差傳遞函數示意圖

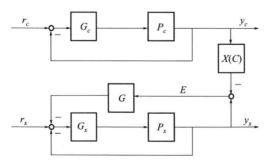

圖 9-13　具有仿形追蹤誤差補償器時的仿形追蹤誤差傳遞函數示意圖

E_0 代表傳統追蹤方式的仿形追蹤誤差，E 是帶有仿形追蹤誤差補償器的仿形追蹤誤差，它們具有以下關係：

$$E_0 = \frac{r_x G_x P_x (1+G_c P_c) - r_c X(C) G_c P_c (1+G_x P_x)}{(1+G_c P_c)(1+G_x P_x)} \tag{9-16}$$

$$E = \frac{r_x G_x P_x (1+G_c P_c) - r_c X(C) G_c P_c (1+G_x P_x)}{(1+G_c P_c)(1+G_x P_x)} \times \frac{1+G_x P_x}{1+G_x P_x + G G_x P_x} \tag{9-17}$$

$$E = E_0 \frac{1+G_x P_x}{1+G_x P_x + G G_x P_x} = E_0 \frac{1}{1+G \dfrac{G_x P_x}{1+G_x P_x}} \tag{9-18}$$

仿形追蹤誤差補償器 G 可以用 PID 控制器來實現：

$$G(s) = K_p + \frac{K_i}{s} + K_d s \tag{9-19}$$

9.3.3 仿真實驗驗證

前面幾節都是從理論上分析仿形追蹤誤差補償的有效性，下面通過仿真實驗來驗證。先任意給定一組 C 軸與 X 軸的閉環傳遞函數，分別如式（9-20）與式（9-21）所示。

$$\Phi_C(s) = \frac{0.0709s + 1}{0.0052s^2 + 0.13s + 1} \tag{9-20}$$

$$\Phi_X(s) = \frac{0.01991s^2 + 1.33397s + 18.1}{0.0021s^3 + 0.09361s^2 + 2.33397s + 18.1} \tag{9-21}$$

圖 9-14 和圖 9-15 分別給出了兩個閉環傳遞函數的單位階躍響應。

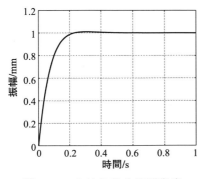

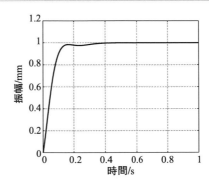

圖 9-14　C 軸的單位階躍響應　　圖 9-15　X 軸的單位階躍響應

由圖 9-14 和圖 9-15 可以看到，假設的兩運動軸閉環傳遞函數具有較快的響應速度和穩態精度，並且 X 軸並不存在超調，可以較為理想地代表凸輪磨床的工作狀態。下面利用假設的 C 軸與 X 軸傳遞函數，分別對比分析仿形追蹤誤差

補償方式與兩種傳統追蹤方式的磨削效果。為了體現仿形追蹤誤差補償方式的有效性，實驗僅採用單位回饋形式的仿形追蹤誤差補償而不設計相應的補償器。

　　圖 9-16 是仿形追蹤誤差補償與追蹤理論值的對比，與前面理論分析得出的結果一樣，新提出的仿形追蹤誤差補償方式比傳統的理論追蹤在協調兩運動軸的配合上取得了更好的效果，從而可以達到更高的磨削精度。圖 9-17 是仿形追蹤誤差補償與追蹤實際值的對比，仿形追蹤同樣具有更好的表現。

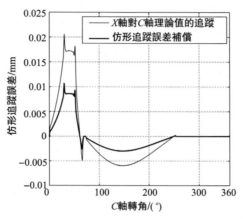

圖 9-16　仿形追蹤誤差補償與追蹤理論值對比圖　（電子版）

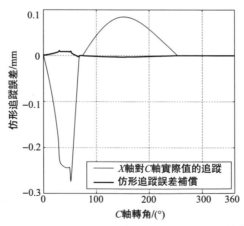

圖 9-17　仿形追蹤誤差補償與追蹤實際值對比圖　（電子版）

　　通過一個具有代表性的實驗可以看到，仿形追蹤誤差補償確實結合了兩種傳統追蹤方式的優點，並克服了它們各自的不足，在協調兩運動軸同步配合方面取得了良好的效果，僅僅是單位回饋的仿形追蹤就能夠明顯減小仿形追蹤誤差，這

為後面誤差補償器的設計提供了依據。

9.4 基於切向-輪廓控制與位置補償的凸輪輪廓控制

　　凸輪的輪廓誤差是衡量凸輪磨削精度的重要指標。若要提高凸輪的磨削精度，有兩種途徑：間接減小輪廓誤差和直接減小輪廓誤差。間接減小輪廓誤差是通過減小各單軸的追蹤誤差實現的。這種方法只能在一定程度上減小輪廓誤差，且控制效果並不理想。而直接減小輪廓誤差是以輪廓誤差為被控量，設計控制演算法。本節採用切向-輪廓控制演算法，實現對凸輪輪廓誤差的直接有效控制。同時為了促進該演算法在凸輪磨削系統中的應用，提出了一些改進，以獲得更好的磨削精度。

9.4.1 切向-輪廓控制演算法

（1）輪廓誤差數學模型

　　① 輪廓誤差的定義　　通常情況下，輪廓誤差定義為實際磨削點與理想輪廓曲線之間的最短距離，即實際磨削點在法線方向上與理想輪廓的最短距離，如圖 9-18 中的虛線所示。在磨削加工過程中，除了輪廓誤差，還涉及追蹤誤差，圖 9-18 所示的點畫線為實際磨削點與理想磨削點之間的追蹤誤差，而磨削系統的單軸追蹤誤差則如圖 9-19 所示。圖 9-19 所示為兩平動軸（X 軸與 Y 軸）聯動磨削加工系統中的誤差定義示意圖。

　　圖 9-19 中曲線 l 為磨削系統的理想輪廓曲線。設磨削系統運行的某一時刻，此時磨削點所在的理想位置應為 R 點。由於伺服系統 X、Y 軸存在的響應滯後，產生了單軸追蹤誤差，所以實際磨削點在 P 點處。圖中的線段 PR 就是磨削點間的追蹤誤差，線段 PQ 為 X 軸的追蹤誤差 E_x，RQ 為 Y 軸的追蹤誤差 E_y。線段 PN 則是實際磨削點 P 到理想輪廓曲線 l 的最短距離，這個最短距離就是圖 9-19 中的輪廓誤差。

　　② 凸輪的輪廓誤差數學模型　　由於凸輪的輪廓曲線不同於規則的圓或橢圓，想要獲得完全符合定義且計算精確的輪廓誤差存在一定困難。同時，複雜的輪廓誤差建模計算煩瑣、耗時，無法滿足系統的強即時性要求。因此，對於計算實際的凸輪輪廓誤差，很多學者選擇近似估計輪廓誤差。這裡採用一種即時的輪廓誤差估計演算法，計算簡單，方便建模。

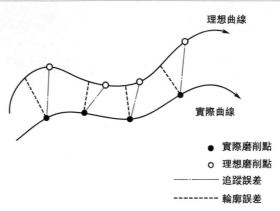

圖 9-18 輪廓誤差示意圖

　　對於兩平動軸聯動系統來說，輪廓誤差是由各單軸的追蹤誤差綜合產生的。對於凸輪磨削系統來說，輪廓誤差是由凸輪旋轉軸（C 軸）與砂輪饋送軸（X 軸）聯動產生的。因此為了後續的方便，這裡進行了等價轉換。

　　圖 9-20 為凸輪即時輪廓誤差估計演算法的示意圖，其中，$r_1(t)$ 和 $r_2(t)$ 分別為當前的理想磨削點與實際磨削點，則點 $r_1(t)$ 與 $r_2(t)$ 表示為：

$$\boldsymbol{r}_1(t) = r_{c1}(t)\boldsymbol{i} + r_{x1}(t)\boldsymbol{j} \tag{9-22}$$

$$\boldsymbol{r}_2(t) = r_{c2}(t)\boldsymbol{i} + r_{x2}(t)\boldsymbol{j} \tag{9-23}$$

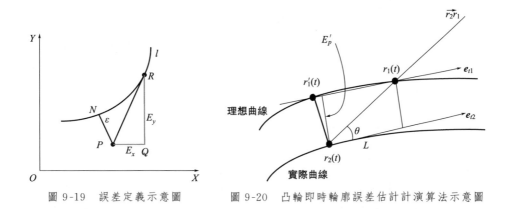

圖 9-19 誤差定義示意圖　　　　圖 9-20 凸輪即時輪廓誤差估計計演算法示意圖

　　式中，$r_{c1}(t)$ 和 $r_{x1}(t)$ 分別為點 $r_1(t)$ 的 C 軸座標、X 軸座標；$r_{c2}(t)$ 和 $r_{x2}(t)$ 分別為點 $r_2(t)$ 的 C 軸座標、X 軸座標。由此，點 $r_1(t)$ 和 $r_2(t)$ 處的單位切矢量可表示為：

$$e_{r1} = \frac{\mathrm{d}r_1}{\mathrm{d}s_1} = \frac{1}{\mathrm{d}s_1}(\mathrm{d}r_{c1}\boldsymbol{i} + \mathrm{d}r_{x1}\,\boldsymbol{j}) \tag{9-24}$$

$$e_{r2} = \frac{\mathrm{d}r_2}{\mathrm{d}s_2} = \frac{1}{\mathrm{d}s_2}(\mathrm{d}r_{c2}\boldsymbol{i} + \mathrm{d}r_{x2}\,\boldsymbol{j}) \tag{9-25}$$

式中，$\mathrm{d}s_i = \sqrt{\mathrm{d}r_{ci}^2 + \mathrm{d}r_{xi}^2}\,(i = 1,2)$。

當磨削過程處於 t 時刻時，點 $r_1(t)$ 與 $r_2(t)$ 之間的距離矢量為：

$$\overrightarrow{r_2r_1}|_t = (r_{c1} - r_{c2})|_t\boldsymbol{i} + (r_{x1} - r_{x2})|_t\,\boldsymbol{j} \tag{9-26}$$

直線 $\overrightarrow{r_2r_1}$ 在點 $r_2(t)$ 處切向方向的投影長度 L 計算為：

$$L = \frac{\overrightarrow{r_2r_1}\boldsymbol{e}_{r2}}{\parallel \boldsymbol{e}_{r2} \parallel} = \frac{\mathrm{d}r_{c2}}{\mathrm{d}s_2}(r_{c1} - r_{c2}) + \frac{\mathrm{d}r_{x2}}{\mathrm{d}s_2}(r_{x1} - r_{x2}) \tag{9-27}$$

$r_1'(t)$ 也是理想輪廓曲線上的點，滿足當前磨削點 $r_1(t)$ 與點 $r_1'(t)$ 在輪廓上的曲線距離長度等於 L。假設點 $r_1(t)$ 與 $r_1'(t)$ 之間的平均速度為 $\boldsymbol{V}$，Δt 表示從點 $r_1'(t)$ 到點 $r_1(t)$ 處所需的總時間，即：

$$\boldsymbol{V} = V_c\boldsymbol{i} + V_x\,\boldsymbol{j} \tag{9-28}$$

$$L = \parallel (V_c\,\Delta t)\boldsymbol{i} + (V_x\,\Delta t)\,\boldsymbol{j} \parallel \tag{9-29}$$

式中，$V_c(t)$ 和 $V_x(t)$ 分別為 $\boldsymbol{V}$ 在 C 軸與 X 軸方向的分量。

由式(9-27)～式(9-29) 可得出：

$$L = \frac{\mathrm{d}r_{c2}}{\mathrm{d}s_2}(r_{c1} - r_{c2}) + \frac{\mathrm{d}r_{x2}}{\mathrm{d}s_2}(r_{x1} - r_{x2}) \tag{9-30}$$

$$= \Delta t\,\sqrt{(V_c\,\Delta t)^2 + (V_x\,\Delta t)^2} = (V_c^2 + V_x^2)^{1/2}$$

因此：

$$\Delta t = \frac{L}{|\boldsymbol{V}|} = \frac{L}{(V_c^2 + V_x^2)^{1/2}} \tag{9-31}$$

式中，$\sqrt{(V_c^2 + V_x^2)}$ 可被看作是沿輪廓方向的饋送速度。然而在輪廓誤差的控制過程中，沿輪廓方向的饋送速度通常由兩軸的運動要求所決定，並且 $\sqrt{(V_c^2 + V_x^2)}$ 的理想值是已知的。因此，Δt 的值可通過式(9-30) 直接求得。進而由 Δt 和理想的饋送速度值，點 $r_1'(t)$ 的估計值表達式為：

$$r_1'(t) = r_1(t - \Delta t) \approx r_1(t) - \Delta t V$$

$$= \begin{bmatrix} r_{c1}(t) - V_c\,\Delta t \\ r_{x1}(t) - V_x\,\Delta t \end{bmatrix}$$

$$= \begin{bmatrix} r_{c1}(t) - \left(\dfrac{V_{c1}(t) + V_{c1}'(t)}{2} \right)\Delta t \\ r_{x1}(t) - \left(\dfrac{V_{x1}(t) + V_{x1}'(t)}{2} \right)\Delta t \end{bmatrix} \tag{9-32}$$

式中，$V_{c1}(t)$ 和 $V_{x1}(t)$ 分別為點 $r_1(t)$ 處沿 C 軸、X 軸方向的切向速度分量；$V_{c1}'(t)$ 和 $V_{x1}'(t)$ 分別為點 $r_1'(t)$ 處沿 C 軸、X 軸方向的切向速度分量。但

想要獲得 $V'_{c1}(t)$ 與 $V'_{x1}(t)$ 的精確值很難。由於點 $r'_1(t)$ 與點 $r_2(t)$ 較為接近，且這兩點有著相同的目的點 $r_1(t)$，因此假設點 $r'_1(t)$ 處的切向速度近似等於點 $r_2(t)$ 處的切向速度。則式(9-32) 可改寫為：

$$r'_1(t) \approx \begin{bmatrix} r_{c1}(t) - \left(\dfrac{V_{c1}(t) + V_{c2}(t)}{2} \right) \Delta t \\[2mm] r_{x1}(t) - \left(\dfrac{V_{x1}(t) + V_{x2}(t)}{2} \right) \Delta t \end{bmatrix} \tag{9-33}$$

式(9-33) 中，$V_{c2}(t)$ 和 $V_{x2}(t)$ 分別為點 $r_2(t)$ 處沿 C 軸與 X 軸方向的切向速度分量。

由上述點 $r_1(t)$、$r'_1(t)$ 和 $r_2(t)$ 的座標表達式，可估計得到凸輪的輪廓誤差值，如圖 9-21 所示。圖中的紅線的長度代表輪廓誤差的估計值 E'_p，即點 $r_2(t)$ 到直線 $\overrightarrow{r'_1 r_1}$ 的最短距離。

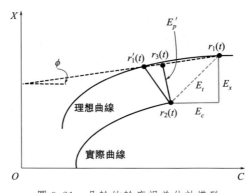

圖 9-21　凸輪的輪廓誤差估計模型

另外，直線 $\overrightarrow{r'_1 r_1}$ 與 C 軸的夾角 ϕ 計算得：

$$\phi = \arctan \left(\frac{r'_{x1}(t) - r_{x1}(t)}{r'_{c1}(t) - r_{c1}(t)} \right) = \arctan \left(\frac{V_{x2}(t) + V_{x1}(t)}{V_{c2}(t) + V_{c1}(t)} \right) \tag{9-34}$$

基於以上的計算並結合傳統的直線輪廓誤差建模方法[6]，凸輪輪廓誤差的估計值表達式整理得：

$$E'_p = -E_c \sin\phi + E_x \cos\phi \tag{9-35}$$

式中，E_c 和 E_x 分別為 C 軸與 X 軸方向上的追蹤誤差。

(2) 切向-輪廓控制演算法

圖 9-22 為切向-輪廓控制演算法的示意圖[7]，點 R' 為理想輪廓曲線上距實

際磨削點最近的點，所以 E'_p 代表輪廓誤差。點 R' 處的切矢量與法矢量構成了切向-輪廓座標系（T-P 座標系）的一對正交軸。通過座標轉換，實現 C-X 座標系與 T-P 座標系之間的轉換，也就是將單軸追蹤誤差轉換為 T-P 座標系中的切向誤差分量和法向誤差分量。由於轉換後的切向誤差分量與法向誤差分量相正交，因此可獨立設計相應的控制器。由圖 9-22 可知，T-P 座標系中的法向誤差分量就是此處的輪廓誤差分量。

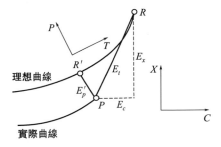

圖 9-22　切向-輪廓控制演算法的示意圖

圖 9-23 為雙軸控制系統引入切向-輪廓控制演算法的結構框圖。

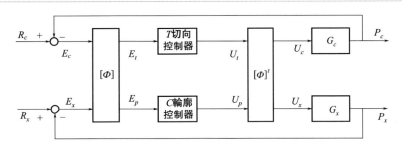

圖 9-23　雙軸控制系統引入切向-輪廓控制演算法的系統結構框圖

顯然，通過座標轉換矩陣 Φ，C-X 座標系下的系統輸入 (R_c, R_x) 和實際輸出位置 (P_c, P_x) 被轉換為 T-P 座標系下相應的點 (R_t, R_p) 和 (P_t, P_p)，即：

$$\begin{bmatrix} P_t \\ P_p \end{bmatrix} = [\Phi] \begin{bmatrix} P_c \\ P_x \end{bmatrix} \tag{9-36}$$

$$\begin{bmatrix} R_c \\ R_x \end{bmatrix} = [\Phi]^t \begin{bmatrix} R_t \\ R_p \end{bmatrix} \tag{9-37}$$

這也意味著：

$$\begin{bmatrix} P_c \\ P_x \end{bmatrix} = \begin{bmatrix} k_{11} & k_{12} \\ k_{21} & k_{22} \end{bmatrix} \begin{bmatrix} R_c \\ R_x \end{bmatrix} = [K] \begin{bmatrix} R_c \\ R_x \end{bmatrix} \tag{9-38}$$

因此：

$$\begin{bmatrix} P_t \\ P_p \end{bmatrix} = [\varPhi] \begin{bmatrix} P_c \\ P_x \end{bmatrix} = [\varPhi][K] \begin{bmatrix} R_c \\ R_x \end{bmatrix}$$

$$= [\varPhi][K][\varPhi]^t \begin{bmatrix} R_t \\ R_p \end{bmatrix} = [M] \begin{bmatrix} R_t \\ R_p \end{bmatrix} \tag{9-39}$$

$$= \begin{bmatrix} m_{11} & m_{12} \\ m_{21} & m_{22} \end{bmatrix} \begin{bmatrix} R_t \\ R_p \end{bmatrix}$$

對於系統輸入 (R_c, R_x)，其本身是沒有輪廓誤差的。因此，它在 T-P 座標系下對應的輪廓誤差分量也為零，即 R_p 為 0。那麼，式 (9-39) 可以重寫成：

$$P_t = m_{11} R_t \tag{9-40}$$

$$P_p = m_{21} R_t \tag{9-41}$$

定義 G_c 和 G_x 分別為 C 軸、X 軸的傳遞函數。基於需要，給出了平均傳遞函數 G_0 和差異傳遞函數 G_Δ：

$$G_0 = \frac{1}{2}[G_c + G_x] \tag{9-42}$$

$$G_\Delta = \frac{1}{2}[G_c - G_x] \tag{9-43}$$

當 G_Δ 非常小時，會出現 $G_\Delta \leqslant G_0$ 的情況。此時，式 (9-40)、式 (9-41) 可進一步簡化得：

$$P_t = \frac{TG_0}{1 + TG_0} R_t \tag{9-44}$$

$$P_p = \frac{G_\Delta}{G_0} \times \frac{-2\cos\theta\sin\theta}{1 + CG_0} R_t \tag{9-45}$$

式中，T 和 C 分別為切向控制器和輪廓控制器。

由式 (9-44) 和式 (9-45) 發現，切向軸的位置輸出 P_t 僅取決於切向控制器 T，輪廓軸的位置輸出 P_p 僅取決於輪廓控制器 P。也就是說，經過座標轉換之後，切向軸與輪廓軸的系統動態是解耦的。因此，切向-輪廓控制演算法實現了系統的解耦，可獨立設計切向控制器和輪廓控制器。

然而，切向-輪廓控制演算法在實際應用中仍存在一些缺陷：

① 對於磨削系統中可能出現的任意輪廓曲線，很難獲得恰當的座標轉換矩陣 $\varPhi$；

② 切向-輪廓控制演算法僅適用於雙軸控制系統。

為了解決上述問題，促進該控制演算法的應用，本文採取一種合適的方法計算轉換矩陣。同時提出了一種位置追蹤補償演算法，與位置環控制器、切向-輪廓控制器共同組成整體輪廓誤差控制演算法，以獲得較高精度的凸輪輪廓。

(3) 座標轉換矩陣的計算

本節採取了一種可適用於任意曲線的座標轉換矩陣，該座標轉換矩陣 Φ 的計算需要確定 T-P 座標系的原點位置和兩座標系間的夾角 θ。首先，利用近似輪廓誤差 E'_p 確定 T-P 座標系的原點位置，如圖 9-24 所示。

圖 9-24 中，R' 是直線 $\overrightarrow{r_1(t)r'_1(t)}$ 上的點，且直線 $\overrightarrow{r_1(t)r'_1(t)}$ 垂直於直線 $\overrightarrow{r_2(t)R'}$。也就是說，$\|\overrightarrow{r_2(t)R'}\|$ 是

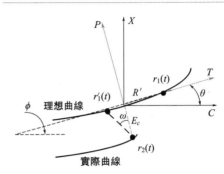

圖 9-24　座標轉換矩陣的計算示意圖

式(9-35)表達的輪廓誤差值，那麼點 R' 就是此時的 T-P 座標系原點。經過一系列的數學推導，點 R' 的座標為：

$$R' = \begin{bmatrix} R'_c \\ R'_x \end{bmatrix} = \begin{bmatrix} r'_{c1}(t) + \|\overrightarrow{r'_1(t)R'}\| \cos\phi \\ r'_{x1}(t) + \|\overrightarrow{r'_1(t)R'}\| \sin\phi \end{bmatrix} \tag{9-46}$$

$$\|\overrightarrow{r'_1(t)R'}\| = \|\overrightarrow{r_2(t)r'_1(t)}\| \sin\omega \tag{9-47}$$

$$\omega = \arccos\left(\frac{\|\overrightarrow{r_2(t)R'}\|}{\|\overrightarrow{r_2(t)r'_1(t)}\|}\right) = \arccos\left(\frac{E'_p}{\|\overrightarrow{r_2(t)r'_1(t)}\|}\right) \tag{9-48}$$

式(9-46) 中，ϕ 的值可由式(9-34) 計算得出。

根據定義，θ 是兩座標系間的夾角，即 T 軸與 C 軸的夾角，同時也是點 R' 的切向量與 C 軸的夾角。可利用當前值 $R'(T)$ 和前一採樣時刻值 $R'(T-1)$，估計點 R' 的切矢量，從而計算得到 θ 的值，Φ 值也隨之求出：

$$\Phi = \begin{bmatrix} \cos\theta & \sin\theta \\ -\sin\theta & \cos\theta \end{bmatrix} \tag{9-49}$$

9.4.2 整體輪廓誤差控制演算法

在凸輪磨削系統中，為了進一步提高其磨削精度，本節提出了一種新型的整體輪廓誤差控制演算法，包括切向-輪廓控制器、位置環控制器及位置追蹤補償演算法。其中位置環控制器用於減小單軸的追蹤誤差，切向-輪廓控制器用於減

小輪廓誤差，而位置追蹤補償演算法在提高系統磨削精度的同時，也可以進一步減小單軸的追蹤誤差。

(1) 位置追蹤補償演算法的提出

圖 9-25 為提出的位置追蹤補償演算法原理圖，其中 $r_4(t)$ 為估計磨削點。圖中的 $r_1(t)$、$r_1'(t)$、$r_2(t)$、$r_3(t)$、E_p'、E_c、E_x 和 ϕ 在切向-輪廓控制演算法中已得到定義。首先，假定當使用切向-輪廓控制器時，每個採樣點處的輪廓誤差為零。然後計算輪廓誤差方向的補償速率為 V_P，根據補償速率 V_P 和當前磨削饋送速率 V_T，可得到估計磨削點 $r_4(t)$ 的座標。如圖 9-25 所示，即使系統使用切向-輪廓控制，輪廓誤差依然存在。本文提出的位置追蹤補償演算法用於補償各軸的控制量，進一步提高系統磨削精度。

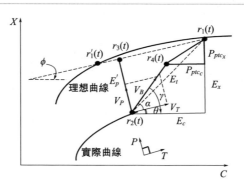

圖 9-25　位置追蹤補償演算法原理圖

定義圖 9-25 中點 $r_2(t)$ 與 $r_3(t)$ 間距離矢量的補償速率 $\boldsymbol{V}_P$ 為：

$$\boldsymbol{V}_P = \frac{\overrightarrow{r_2(t)r_3(t)}}{\Delta t} = \frac{\boldsymbol{E}_p}{\Delta t} \tag{9-50}$$

式中，Δt 為採樣時間。

計算出 $\boldsymbol{V}_P$ 與切向速率 $\boldsymbol{V}_T$ 之後，其合成速率 $\boldsymbol{V}_B$ 就可以寫成：

$$\boldsymbol{V}_B = V_P \boldsymbol{u} + V_T \boldsymbol{v} = V_{B_P} \boldsymbol{u} + V_{B_T} \boldsymbol{v} \tag{9-51}$$

式中，V_T 為沿輪廓方向的饋送速度，參見式(9-31) 中 $\sqrt{V_c^2 + V_x^2}$；$\boldsymbol{V}_{B_P}$ 與 $\boldsymbol{V}_{B_T}$ 分別為 $\boldsymbol{V}_B$ 在 P 軸與 T 軸的分量。

角度 α 是 $\boldsymbol{V}_T$ 與 $\boldsymbol{V}_B$ 之間的夾角，即：

$$\alpha = \arccos\left(\frac{\boldsymbol{V}_T \boldsymbol{V}_B}{\|\boldsymbol{V}_T\| \|\boldsymbol{V}_B\|}\right) \tag{9-52}$$

根據切向-輪廓控制演算法中對 ϕ 和 α 的計算，得出 $\boldsymbol{V}_B$ 與 C 軸之間的夾角 γ：

$$\gamma = \alpha + \theta \tag{9-53}$$

式中，ϕ 可由式(9-34) 計算得出，θ 為 $\boldsymbol{V}_T$ 與 C 軸的夾角。

因此，一個採樣週期內，點 $r_2(t)$ 與 $r_4(t)$ 之間的移動距離 D 為：

$$D = \| (V_B \cos\gamma \Delta t)\boldsymbol{i} + (V_B \sin\gamma \Delta t)\boldsymbol{j} \|$$
$$= \| (V_{B_c}\Delta t)\boldsymbol{i} + (V_{B_x}\Delta t)\boldsymbol{j} \| \tag{9-54}$$

移動距離 D 在 C 軸和 X 軸上的分量也可表示為：

$$D_c = D\cos\gamma \tag{9-55}$$

$$D_x = D\sin\gamma \tag{9-56}$$

最終，C 軸與 X 軸上的位置追蹤補償量分別計算得出：

$$P_{ptc_c} = E_c - D_c \tag{9-57}$$

$$P_{ptc_x} = E_x - D_x \tag{9-58}$$

式中，E_c 和 E_x 分別為當前 C 軸與 X 軸的追蹤誤差。

(2) 整體輪廓誤差控制演算法

綜合上述的研究，本節提出一種新型的整體輪廓誤差控制演算法，其結構框圖如圖 9-26 所示。圖 9-25 中的 K_{pc}、K_{px} 分別為位置環控制器的增益係數，K_{ptc}、K_{ptx} 分別為位置追蹤補償器的兩個增益係數，P_{ptc_c}、P_{ptc_x} 是來自位置追蹤補償器的補償量。由於位置追蹤補償環可以被看作是額外的位置控制環，因此位置追蹤補償器的增益係數 K_{ptc}、K_{ptx} 與對應的位置環控制器增益係數 K_{pc}、K_{px} 相等，即 $K_{ptc} = K_{pc}$，$K_{ptx} = K_{px}$。

由圖 9-25 可知，此時凸輪磨削系統的輸出控制法則可表示為：

$$u_c = U_c + E_c K_{pc} + P_{ptc_c} K_{ptc} \tag{9-59}$$

$$u_x = U_x + E_x K_{px} + P_{ptc_x} K_{ptx} \tag{9-60}$$

式中，E_c、E_x 分別為 C 軸與 X 軸的追蹤誤差。

9.4.3 整體輪廓誤差控制演算法的仿真驗證

(1) 傳統單軸控制方法的仿真分析

為了更好地驗證本文中控制演算法的有效性與優越性，在無任何外加控制演算法的前提下，進行傳統單軸控制的仿真分析。傳統單軸控制方法是指僅依靠系統中各單軸的位置環控制器，通過減小單軸追蹤誤差以間接減小輪廓誤差的方法。圖 9-27、圖 9-28 分別為傳統單軸控制下凸輪旋轉軸（C 軸）與砂輪饋送軸

（X 軸）的追蹤誤差曲線。

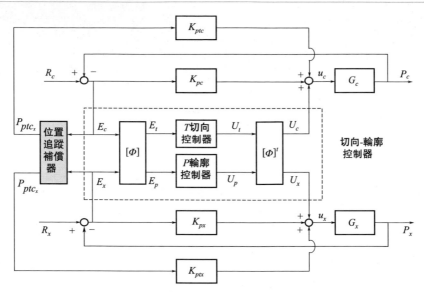

圖 9-26　整體輪廓誤差控制演算法的結構框圖

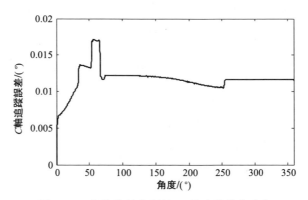

圖 9-27　傳統單軸控制的 C 軸追蹤誤差曲線

　　根據切向-輪廓控制演算法中定義的凸輪輪廓誤差數學估計模型，得到輪廓誤差曲線如圖 9-29 所示。

　　由圖 9-27 及圖 9-28 發現，單軸的追蹤誤差都處於 0～0.4mm 的範圍內，然而圖 9-29 中的凸輪輪廓誤差依然較大。儘管系統中存在位置環控制器的控制作用，各單軸的追蹤誤差得到一定程度的減小，但由於兩軸間的運動不匹配，輪廓誤差沒有得到有效抑制。因此，通過減小單軸追蹤誤差以提高凸輪磨削精度的間接方法存在侷限性，需採用以輪廓誤差為被控量的直接控制方法。

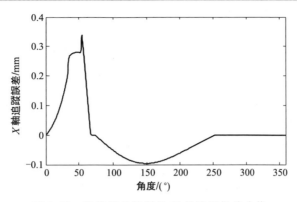

圖 9-28　傳統單軸控制的 X 軸追蹤誤差曲線

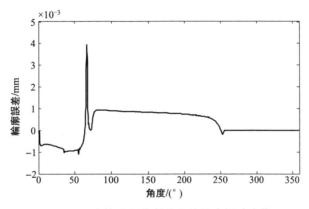

圖 9-29　傳統單軸控制的凸輪輪廓誤差曲線

（2）仿真驗證及結果分析

　　下面將分別驗證切向-輪廓控制演算法與整體輪廓誤差控制演算法的有效性。值得一提的是，本文的切向控制器與輪廓控制器均採用比例控制的形式，只需整定其各自的增益係數，無須設計複雜控制器，就能有效地減小凸輪輪廓誤差，提高系統磨削精度。

　　① 傳統單軸控制方法與切向-輪廓控制演算法的對比　圖 9-30 與圖 9-31 分別為傳統單軸控制與切向-輪廓控制下 C 軸、X 軸的追蹤誤差曲線。此時切向-輪廓控制器的增益係數採用經典參數整定法——試湊法整定，取得切向控制器的增益係數 $K_T = 7$，輪廓控制器的增益係數 $K_P = 5$。

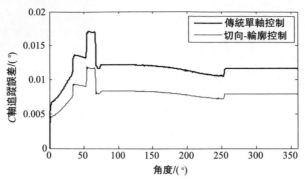

圖 9-30　傳統單軸控制與切向-輪廓控制的 C 軸追蹤誤差曲線 （電子版）

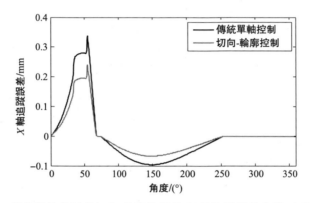

圖 9-31　傳統單軸控制與切向-輪廓控制的 X 軸追蹤誤差曲線 （電子版）

由圖 9-30、圖 9-31 中的對比曲線很容易發現，系統引入切向-輪廓控制演算法後，無論是 C 軸還是 X 軸的追蹤誤差均得到顯著的減小。更關鍵的是，圖 9-32 中的輪廓誤差大幅度減小，與傳統單軸控制的輪廓誤差曲線相比更接近 0，凸輪的磨削精度得到較大提高。因此，通過對比傳統單軸控制與切向-輪廓控制的誤差曲線，驗證了切向-輪廓控制演算法的有效性。

② 切向-輪廓控制演算法與整體輪廓誤差控制演算法的對比　通過對比切向-輪廓控制與整體輪廓誤差控制作用下的誤差曲線，可驗證整體輪廓誤差控制演算法的有效性，並證實本節所採取改進措施的必要性。這裡切向控制器和輪廓控制器的增益係數取值與上述仿真取值相同，即 $K_T = 7$，$K_P = 5$。圖 9-33、圖 9-34 分別為切向-輪廓控制與整體輪廓誤差控制下 C 軸、X 軸的追蹤誤差曲線。可以看出，整體輪廓誤差控制演算法能有效減小 C、X 軸的追蹤誤差，確保 C、X 軸具有較好的追蹤性能。

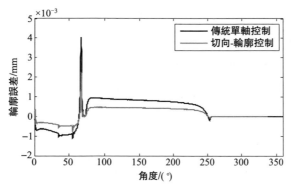

圖 9-32 傳統單軸控制與切向-輪廓控制的凸輪輪廓誤差曲線 （電子版）

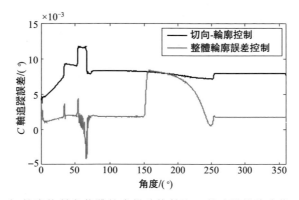

圖 9-33 切向-輪廓控制與整體輪廓誤差控制的 C 軸追蹤誤差曲線 （電子版）

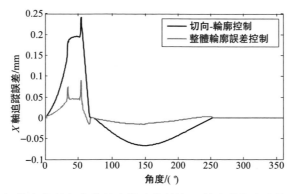

圖 9-34 切向-輪廓控制與整體輪廓誤差控制的 X 軸追蹤誤差曲線 （電子版）

　　圖 9-35 為切向-輪廓控制與整體輪廓誤差控制的輪廓誤差對比曲線。相較於單獨使用切向-輪廓控制演算法，整體輪廓誤差控制演算法作用下的輪廓誤差得

到進一步減小，提高了磨削精度，同時驗證了整體輪廓誤差控制演算法的有效性。因此，整體輪廓誤差控制演算法對磨削過程中出現的誤差有很好的抑製作用，可實現凸輪輪廓的高精度磨削。

　　在仿真實驗中，嘗試改變整體輪廓誤差控制系統中切向-輪廓控制器的增益係數。給出兩組不同的增益係數，A 組增益係數 $K_T = 8$，$K_P = 3$，B 組增益係數 $K_T = 4$，$K_P = 6$，得到凸輪輪廓誤差的曲線如圖 9-36 所示。顯然，不同的切向-輪廓控制器增益係數，其對應的輪廓誤差曲線存在明顯差異。因此在整體輪廓誤差控制演算法中，切向-輪廓控制器增益係數的選取直接影響著凸輪輪廓誤差的控制效果，與系統磨削精度的提高相關聯。那麼在接下來的研究中，有必要針對切向-輪廓控制器的參數整定方面進行重點探索，從而實現凸輪輪廓誤差的進一步減小，提高系統的磨削精度。

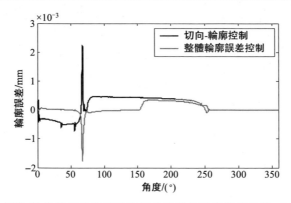

圖 9-35　切向-輪廓控制與整體輪廓誤差控制的輪廓誤差曲線 （電子版）

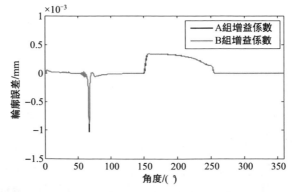

圖 9-36　不同增益係數組合下的輪廓誤差曲線 （電子版）

9.5 基於遺傳演算法的凸輪升程誤差修正

凸輪輪廓精度主要受到砂輪尺寸誤差、形狀誤差、位置誤差以及動態模型中非線性因素和不確定性的影響，導致精度降低[8]。磨削過程中當砂輪磨損時，砂輪受力和磨削溫度發生變化，經過一段時間磨削過程中需要進行砂輪休整，休整的過程中會造成尺寸誤差和形狀誤差的形成。如圖 9-37 所示，由於饋送的過程中兩軸存在滯後等問題，造成了系統磨削過程中還存在位置誤差。這些誤差經過測量與計算得到實際升程誤差。

在凸輪輪廓的評判中以凸輪的輪廓誤差作為輪廓的評判標準，但無論是升程表還是輪廓兩者反映的本質都是統一的，升程表可以通過反轉法，求得凸輪輪廓，凸輪輪廓也可以反向求得升程表。由文獻[9]也可以得出凸輪升程誤差的變換趨勢與輪廓誤差的變化趨勢基本一致。在磨削加工過程中磨床是嚴格按照切削點追蹤模型[10]來得到 X 軸和 C 軸數據的，但通常情況下很難保證實際運動軌跡與理論運動軌跡一致，而升

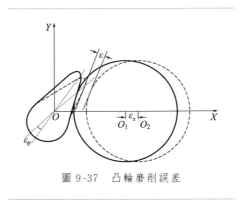

圖 9-37　凸輪磨削誤差

程補償為最易於實現的離線補償方式。工程實踐中得出，直接升程誤差補償由於破壞了原曲線光順條件導致並未取得非常良好的磨削效果，所以選擇合理的補償演算法來提高凸輪的加工精度和加工品質顯得特別重要。

9.5.1 凸輪升程曲線優化準則

將升程誤差作為補償值補償於理論升程誤差會造成補償後的凸輪升程曲線不光順，導致磨削過程中切削力和機床加速度發生突變，對機床和磨削工件本身產生巨大影響。文獻[11]提出了一種適合工程應用的曲線光順準則：①曲線 C^2 連續；②沒有多餘的轉曲點；③曲線二階導數變化比較均勻；④曲線二階導數絕對值較小。按以上原則，當曲線的二階導數合理時曲線達到光順要求。

設待優化曲線為：$h_y(\theta) = h_s(\theta) - e_y(\theta)$。$h_s(\theta)$ 為理論升程值，$h_y(\theta)$ 的離散形式可表示為：$\{\theta_i, h_i = h_y(\theta_i)\}_{i=1}^N$。對於離散升程曲線用差商的形式來表示導數，求得一階、二階差商為：

$$\begin{cases} D'_{\theta_i} = \dfrac{h_{i+1} - h_i}{\theta_{i+1} - \theta_i}, i \leqslant (N-1) \\[4mm] D''_{\theta_i} = \dfrac{D'_{\theta_{i+1}} - D'_{\theta_i}}{\theta_{i+2} - \theta_i}, i \leqslant (N-2) \end{cases} \tag{9-61}$$

式中，對於凸輪升程的邊界值 D'_{θ_N}、$D''_{\theta_{N-1}}$、D'''_{θ_N} 單獨求取。由於凸輪曲線本身是一條封閉的曲線，邊界值可以由終止點和初始點求取。

9.5.2　凸輪升程誤差修正

為了提高實際凸輪輪廓精度，作者採用升程誤差補償方法。凸輪磨削系統升程誤差補償流程框圖如圖 9-38 所示。框架主要由 2 部分組成：小波濾噪，遺傳演算法修正。

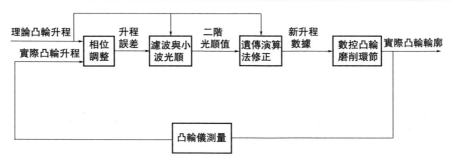

圖 9-38　凸輪磨削系統升程誤差補償流程框圖

(1) 小波濾噪

完成待優化升程曲線的二階差商求解後，採用小波變換[12]的方法進行曲線分解與重構，通過小波分解可以獲得函數任意尺度分解的低頻成分和高頻成分。若將待優化凸輪升程曲線二階差商序列看成一組信號，該信號中可以看成包含兩部分的內容：一部分是信號中的低頻部分，包含了曲線二階差商變化的真正趨勢；另一部分是由誤差引起的高頻部分，但高頻部分不一定完全都是噪音，通過強制去噪可能丟失關鍵信號。為了不濾除高頻信號中有用的信號，採用小波閾值濾噪，具體方式按以下步驟進行。

選擇合適的小波基與分解層數。dbN 系列小波具有有效的分析和綜合能力，因此選擇 dbN 系列小波作為基小波，根據不同的輸入值採用不同的分解層數 j，對含噪音信號進行小波分解，得到 $\omega_{j,k}$。

選取合理的閾值 λ 與軟閾值函數，對小波係數 $\omega_{j,k}$ 進行處理，低頻部分保

留信號，高頻部分採用軟閾值濾噪，軟閾值公式為：

$$\hat{\omega}_{j,k} = \begin{cases} \text{sign}(\omega_{j,k})(|\omega_{j,k}| - \lambda), & |\omega_{j,k}| \geq \lambda \\ 0, & |\omega_{j,k}| \geq \lambda \end{cases} \tag{9-62}$$

式中，$\hat{\omega}_{j,k}$ 為估計小波係數；$\omega_{j,k}$ 為小波係數；λ 為閾值係數。

對閾值處理後的估計小波分解係數與低頻係數進行小波重構獲得理論二階光順值。

具體步驟如圖 9-39 所示。

圖 9-39　小波軟閾值濾噪流程框圖

(2) 遺傳演算法曲線誤差修正

① 優化目標的確定　求得理論處理後的升程誤差 $e_y(\theta)$ 和凸輪升程理論光順值 T''_{θ_i}，對於理論升程值此處不進行處理，僅對升程誤差進行修整，修整後的一階差商、二階差商、升程誤差修正範圍與目標函數分別為：

$$\begin{cases} S'_{\theta_i} = \dfrac{(h_{i+1} - e_{i+1}) - (h_i - e_i)}{\theta_{i+2} - \theta_i} \\ S''_{\theta_i} = \dfrac{S'_{\theta_{i+1}} - S'_{\theta_i}}{\theta_{i+1} - \theta_i} \\ ke_y \leq e_i \leq e_y \\ f(X) = \min \sum_{i=1}^{N} \| S''_{\theta_i} - T''_{\theta_i} \|^2 \end{cases} \tag{9-63}$$

式中，S'_{θ_i} 為補償後升程曲線的一階差商值；S''_{θ_i} 為補償後曲線二階差商值，θ_i 為凸輪升程點數；e_i 為修正後的升程誤差；$X = (e_1, e_2, \cdots, e_N)$，對於邊界值 S'_{θ_N}、$S''_{\theta_{N-1}}$、S''_{θ_N} 單獨求取。由式(9-63) 可知採用傳統的數值優化方法很難求取，作者採用遺傳演算法對該問題進行求解。

② 遺傳演算法求解　遺傳演算法[13]是模仿生物進化的過程來求解非線性優化問題。該演算法用個體基因代表原始問題，用染色體代表問題的解，在特定環境採取競爭的形式讓適應度強的個體生存下來產生後代，後代繼承了父代優秀的基因，種群在競爭過程中不斷進化，最後得到適應度最強的個體完成最後解的求取。具體步驟（見圖 9-40）如下所示。

a. 產生初始種群：將問題進行編碼，產生初始種群。編碼主要採用二進制編碼，編碼的長度由實際所需的精度決定。

b. 懲罰函數的確定：懲罰函數法是一種間接求解約束問題的方法，主要思想是將約束條件作為一系列的懲罰條件使有約束問題轉化為無約束問題。此處採用內點懲罰函數的方法構造新函數為：

$$\varphi(X, r^{(k)}) = f(X) + r^{(k)} \sum_{j=1}^{P} \frac{1}{g_j(X)}$$

(9-64)

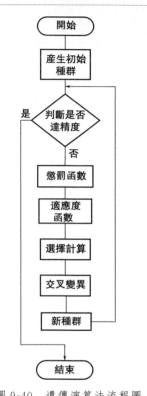

圖 9-40 遺傳演算法流程圖

式中，$r^{(k)}$ 為懲罰因子；j 為約束項個數；k 為疊代次數；$g_j(X)$ 為升程誤差的約束項。懲罰因子 $r^{(k)}$ 為正值在設計過程數值遞減，經過該步驟將有約束問題 $\min f(X)$ 轉化為無約束問題 $\min \varphi(X, r^{(k)})$，隨著疊代次數的增加達到最佳解。

c. 適應度函數：遺傳演算法進行搜尋時，適應度函數用於區分種群好壞。適應度函數的選擇很大程度上決定了演算法的優劣，因此適應度函數的選擇非常重要，適應度越高越接近問題最佳解。適應度函數為

$$eval(X) = \frac{\varphi(X, r^{(k)})_{\max} - \varphi(X, r^{(k)})}{\varphi(X, r^{(k)})_{\max} - \varphi(X, r^{(k)})_{\min}}$$

(9-65)

式中，$\varphi(X, r^{(k)})$ 為目標函數值；$\varphi(X, r^{(k)})_{\max}$ 為目標函數的最大值；$\varphi(X, r^{(k)})_{\min}$ 為目標函數的最小值。

d. 選擇：從原來的種群中選擇優秀的樣本，淘汰低劣的樣本。選擇過程主要以適應度函數作為評價標準，採用競爭方式選擇個體。

e. 交叉：染色體的交叉方式採用均勻交叉。

f. 變異：染色體變異方法採用均勻變異。

9.5.3　仿真實驗結果

以長春第一機床廠有限公司實際磨削升程數據作為誤差樣本進行分析，圖 9-41 為凸輪升程誤差放大 50 倍時的輪廓形狀，凸輪磨削升程允許誤差值為 0.02mm，其中曲線 A 為凸輪理論輪廓曲線，曲線 B 與曲線 C 為凸輪允差範圍，

曲線 D 為實測凸輪輪廓曲線。由圖 9-41 可知凸輪輪廓在實際磨削後存在正向超差與負向超差。超差的區域主要為曲率變換較大的區域，最大升程誤差為：0.0892mm。圖 9-42 為理論升程曲線圖。

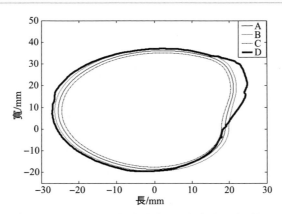

圖 9-41　凸輪升程誤差放大 50 倍時的輪廓形狀

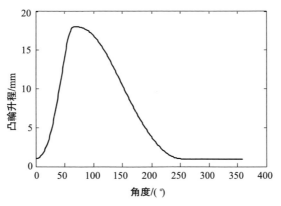

圖 9-42　凸輪升程曲線圖

若直接採取比例升程補償方法：

$$h_x(\theta) = h_s(\theta) - ke_y(\theta)$$

式中，$h_x(\theta)$ 為直接補償後的升程曲線；$h_s(\theta)$ 為理論升程曲線；$e_y(\theta)$ 為原始升程誤差；k 為補償係數，一般取 0.7～1。取 k 為 0.7 時升程誤差曲線與二階差商曲線如圖 9-43、圖 9-44 所示。

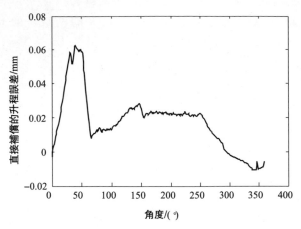

圖 9-43　0.7 倍的凸輪升程誤差曲線

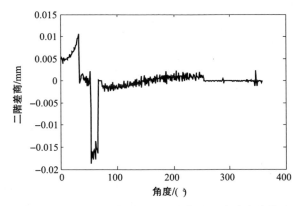

圖 9-44　比例補償凸輪升程曲線的二階差商曲線

　　如圖 9-44 所示二階差商曲線波動頻繁，未能達到升程光順要求。

　　採取遺傳演算法設計誤差修正方法，通過長春第一機床廠有限公司提供的軟體獲得相位誤差為 0.751°。調整相位誤差後採用小波濾噪求取升程曲線最佳二階差商值。該過程中選擇取 $db3$ 小波作為基小波，分解層數選擇為 5 層，選擇的閾值係數 7×10^{-4}，圖 9-45 為小波濾噪後的凸輪升程二階差商曲線。採用遺傳演算法修正升程誤差，對於遠休止角與近休止角部分升程誤差設為 0，其餘部分以升程誤差 0.5 倍作為下限，原升程誤差作為上限，在該範圍內修正，目標函數 $\varphi(X, r^{(k)})$ 值如圖 9-46 所示。圖 9-47 為修正後的凸輪升程誤差，圖 9-48 為修正後凸輪升程的二階差商曲線。

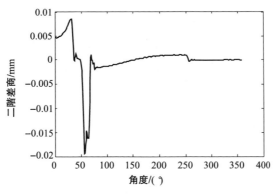

圖 9-45　小波濾噪後的凸輪升程二階差商曲線

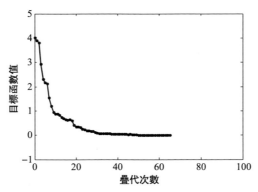

圖 9-46　目標函數值疊代圖

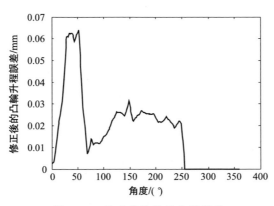

圖 9-47　修正後的凸輪升程誤差

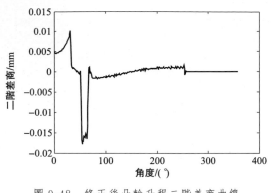

圖 9-48　修正後凸輪升程二階差商曲線

9.6　基於等效誤差法和 B 雲規曲線的凸輪磨削演算法研究

　　在現今的磨削方法中，大部分研究者針對近似求得的輪廓誤差為被控對象進行控制器設計。為了解決這一問題，Shyh-Leh Chen[14] 2007 年提出了一個新的輪廓控制演算法，結合了特殊的座標轉換觀點及非線性的控制器設計理論，利用座標轉換的觀點，將一個 n 軸的控制系統的等效誤差變換為 $n-1$ 個等效輪廓誤差和 1 個切線誤差，設計控制器使這 n 個等效誤差穩定，達到輪廓控制的目的。遂本節針對這一問題引入了等效誤差這一概念，直接對真實的輪廓誤差進行控制，避免近似求得的輪廓誤差而造成的數值計算的誤差。本節針對等效誤差這一概念進行控制器設計，從而直接對真實輪廓誤差進行補償控制。

9.6.1　等效誤差模型原理

　　對於 n 軸驅動系統的動態方程可描述為：

$$\ddot{x}_i = f_i(x, \dot{x}) + \sum_{j=1}^{n} G_{ij}(x, \dot{x}) u_j, i = 1, \cdots, n \tag{9-66}$$

　　式中，x 為各軸的輸出位置；u 為輪廓誤差補償量；$f_i(x, \dot{x})$ 為各軸的動態關係；$G_{ij}(x, \dot{x})$ 為輸入與各軸的動態關係。

　　目標輪廓曲線為 S，$S \subset D_x$，目標曲線在 R^n 上可用代數方程來表達，如

式(9-67)所示：

$$p(x) = 0 \tag{9-67}$$

式中，$x \in D_x \subset R^n$；也可以用 $x_d(t)$ 來表達，即為 $p(x_d(t)) = 0, \forall t \in R$。
輪廓誤差 $\varepsilon_c(t)$ 的表達式為：

$$\varepsilon_c(t) = \text{dist}(x, S) \equiv \inf_{x \in S} \| x - \hat{x} \| \tag{9-68}$$

式中，x 為實際值；$\hat{x}$ 為理論值，可以理解為由實際磨削點 $x(t)$ 到目標輪廓
曲線 S 的距離，如圖 9-20 中的 $r_1(t)$ 和 $r_2(t)$ 之間的距離。

本節設計的誤差補償量 $u = (x, \dot{x}, t)$，使實際磨削點 $x(t)$ 到目標輪廓曲線 S
的距離在 $t \to \infty$ 時：

$$\varepsilon_c(t) \to 0 \tag{9-69}$$

即為實際磨削曲線盡可能接近系統的目標輪廓曲線。

如圖 9-49 所示，$p(x_d)$ 為目標曲線，$p(x)$ 為實際磨削曲線，ε_c 為真實的輪
廓誤差，等效輪廓誤差為 ε，可定義為：

$$\varepsilon(t) = p(x(t)) \tag{9-70}$$

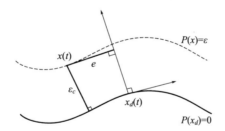

圖 9-49　實際輪廓曲線和等效輪廓誤差曲線原理圖

當 $t \to \infty$ 時：

$$\varepsilon(t) \to 0 \tag{9-71}$$

等效輪廓誤差只表示目標輪廓曲線 S 上一點的法向誤差。然而只減小等效
誤差不一定能減少整體輪廓誤差。為進一步提高磨削精度，我們需要較小切線誤
差，切線誤差表達式為：

$$e(t) = \dot{x}_d^{\mathsf{T}}(t)(x(t) - x_d(t)) \tag{9-72}$$

式中，$x_d(t)$ 為目標點；$x(t)$ 為實際磨削點；$\dot{x}_d(t)$ 為目標輪廓曲線 S 在目
標點 $x_d(t)$ 處的切矢量。

本節選定等效輪廓誤差 ε 和切線輪廓誤差 e 為被控對象，ε 和 e 為系統的狀態變數。

用等效輪廓誤差和切線輪廓誤差表示系統動態為：

$$\begin{bmatrix} \varepsilon \\ e \end{bmatrix} = \begin{bmatrix} p(c,x) \\ \dot{x}_d^{\mathsf{T}}(x-x_d) \end{bmatrix} \tag{9-73}$$

將此誤差分為兩次，帶入 X 軸和 C 軸系統方程，可得誤差動態方程為：

$$\begin{bmatrix} \ddot{\varepsilon} \\ \ddot{e} \end{bmatrix} = \Omega(x,\dot{x},t) + \Gamma(x,\dot{x},t)u \tag{9-74}$$

其中，$\Omega(x,\dot{x},t)$ 和 $\Gamma(x,\dot{x},t)$ 為關於目標指令值和實際磨削值的函數，u 為兩軸輪廓誤差補償值。

$$\boldsymbol{\Omega} = \begin{bmatrix} \Omega_1 \\ \Omega_2 \end{bmatrix} \tag{9-75}$$

$$\Omega_1 = \boldsymbol{h}(x,\dot{x}) + [??\ p(x)]f(x,\dot{x}) \tag{9-76}$$

$$\Omega_2 = \ddot{x}_d^{\mathsf{T}}(x-x_d) + \ddot{x}_d^{\mathsf{T}}(2\dot{x}-3\dot{x}_d) + \dot{x}_d^{\mathsf{T}}f(x,\dot{x}) \tag{9-77}$$

$$\Gamma = \begin{bmatrix} ??\ p(x) \\ \dot{x}_d^{\mathsf{T}} \end{bmatrix} G(x,\dot{x}) \tag{9-78}$$

式中，$\boldsymbol{h} = [h_1,h_2,\cdots,h_{n-1}]^T$ 定義為：

$$\boldsymbol{h}_j = \dot{x}^{\mathsf{T}}\boldsymbol{H}_j\dot{x} \tag{9-79}$$

式中，$\boldsymbol{H}_j$ 是 $p(x)$ 的第 j 個黑塞矩陣，記為：

$$\boldsymbol{H}_j = \begin{bmatrix} \dfrac{\partial^2 p(x)}{\partial x_j \partial x_i} \end{bmatrix} \tag{9-80}$$

9.6.2　等效誤差模型使用限定條件

考慮到結論的通用性和提出的演算法的正確性，在使用等效誤差法時必須滿足以下的假設條件：

① $\det(G(x)) \neq 0, \forall x \in D_x$，在操作區間中，$G(x)$ 的行列式不為零；

② 隱函式 $p(x_1,x_2)$ 在操作區間中至少兩次可微；

③ $x_d(t)$ 至少三次可微；

④ 指令軌跡 S 具有唯一性；

⑤ 雅可比矩陣$(\partial p(x)/\partial x \equiv ??\ p(x))$在操作區間內皆為滿秩；

⑥ $x(t)$ 可被控制，實際位置 $x(t)$ 在指令位置 $x_d(t)$ 的鄰域 $B_r(x_d)$ 內，其中 $B_r(x_d)$ 定義為圓心為 x_d、半徑為 r 的圓；

⑦ $\forall x \in B_r(x_d)$，矩陣 $[?? \ p(x)][?? \ p(x)]^T$ 是非奇異的。

9.6.3　B雲規曲線即時插補演算法及其隱函式化方法

(1) 即時插補演算法理論介紹

我們將凸輪給定的升成表進行處理得到了輸入的序列值，可以作為 B 雲規[15]反演算法中的型值點。由於凸輪輸入的曲線不太複雜，我們選三次非均勻 B 雲規擬合演算法對其求解控制頂點和節點矢量。通過求解出來的控制頂點和節點矢量對其進行即時插補的計算。

在二維空間中，三次 B 雲規曲線的定義方程如下：

$$X_d(u) = C(u) = \sum_{i=0}^{n} d_i N_{i,k}(u) \tag{9-81}$$

其中：

$$\begin{cases} N_{i,0} = \begin{cases} 1, u_i \leqslant u < u_{i+1} \\ 0, 其他 \end{cases} \\ N_{i,k}(u) = \dfrac{u - u_i}{u_{i+k+1} - u} N_{i,k-1}(u) + \dfrac{u_{i+k} - u}{u_{i+k} - u_{i+1}} N_{i+1,k-1}(u) \end{cases} \tag{9-82}$$

式中，$d_i (i = 0, 1, 2, \cdots, n)$ 為 B 雲規控制頂點座標值。

所以可得到凸輪兩軸的對應三次 B 雲規曲線參數式：

$$X_{dc}(u) = \sum_{i=0}^{n} d_{1i} N_{i,k}(u) \tag{9-83}$$

$$X_{dx}(u) = \sum_{i=0}^{n} d_{2i} N_{i,k}(u) \tag{9-84}$$

式中，$d_{1i}, i = 0, 1, 2, \cdots, n$ 為 C 軸的 B 雲規控制頂點座標值；$d_{2i}, i = 0, 1, 2, \cdots, n$ 為 X 軸的 B 雲規控制頂點座標值。

設數控系統的插補週期為 T，$t_{i+1} - t_i = T$，u 是關於時間 t 的函數，令

$$u(t_i) = u_i \text{ 和 } u(t_{i+1}) = u_{i+1} \tag{9-85}$$

利用泰勒級數，對 $u(t_{i+1})$ 在 t_i 處展開得：

$$u_{i+1} = u_i + \frac{du}{dt}\Big|_{t=t_i}(t_{i+1} - t_i) + \frac{1}{2}\frac{d^2u}{dt^2}\Big|_{t=t_i}(t_{i+1} - t_i)^2 + o(\Delta t^2) \tag{9-86}$$

（2）加減速規劃

由於力量和加速度是正比的關係，急遽的加速與減速會對系統產生很大的振動，對凸輪磨削過程造成不易估測的影響。在傳統的輪廓追蹤領域，將輪廓控制過程分成插補與控制器設計兩部分，先決定好速度曲線，再由泰勒展開近似下一個採樣時間的命令點，產生一系列的動態命令。速度曲線常見的，如 T 形加減速，S 形加減速等，都是體現在插補過程的流暢度上，與時間做取捨選擇。在插補過程中，插補的速率和精度永遠是一個難兩全的問題，除非，要能同時達到高精度高速率，因此只能從控制器根本理論上著手。等效誤差法讓控制器本身就有「軌跡」的概念，相比於一般傳統控制理論，更適用於高精度的輪廓控制。

由三次雲規插補法可以得到曲線參數式 $C(u)$，選擇不同的插補函數 $u(t)$ 代入，會產生無窮多種動態命令：

$$X_d(t) = C(u(t)) \tag{9-87}$$

在本節中，為了驗證等效誤差法的準確性，簡單地設計插補函數，目標是驗證整合 B 雲規的等效誤差控制器設計的基本性能。由於 B 雲規曲線的參數 $u = 0$ 對應的是起點，$u = 1$ 對應的是終點，可以簡單地選取插補函數：

$$u(t) = \frac{t}{T}, 0 \leqslant t \leqslant T \tag{9-88}$$

式中，T 是磨削時間，產生的動態命令是「等參數間隔」的插補。由於等參數間隔改變的 B 雲規曲線，對於 B 雲規插補中等間隔的參數 Δu 對應的並不是等距離的曲線長度，在曲線曲率較小的時候，會對應較長的線段。等參數間隔的插補函數，正可以把握到 B 雲規曲線本身的特性，起一定程度的加減速功能。

（3）三次 B 雲規插補程式流程圖

三次 B 雲規插補程式流程圖如圖 9-50 所示。

9.6.4　Caley 隱函式化方法

B 雲規插補提供了非常便利的自由曲線設計與產生方式，能從控制點、節點矢量式得到曲線的片段參數式；為了要和等效誤差法整合，我們需要將曲線參數式轉換成對應的隱函式，這項轉換的方法稱為隱含式化。

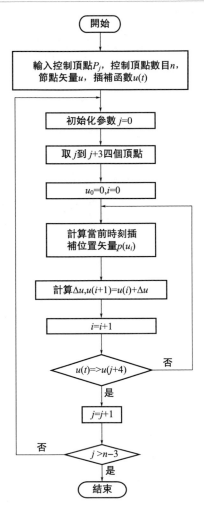

圖 9-50 三次 B 雲規插補程式流程圖

　　隱含式化最初由 T. W. Sederberg 和 D. C. Anderson 在 1984 年發表[16]，對線性的參數式提出了兩個隱含式化的方法，分別稱為「SeSylvester's method（賽斯維斯特法）」和「Cayley's method of the Bezout form（Cayley 的貝祖式法）」，雖然兩者進行隱含式化的結果相同，但前者的觀念簡單易懂，所以這裡主要介紹 SeSylvester's method。

　　一條 k 次的曲線參數式由 SeSylvester's method 進行隱含式化時，要計算 $2k \times 2k$ 的結果才能獲得，Cayle 注意到有相同的解 u 的兩條多項式 $g_1(u)$ 和 $g_2(u)$，$g_1(u)g_2(\alpha) - g_1(\alpha)g_2(u) = 0$ 會滿足任意 α 的值，並且存在 $u - \alpha$，使這個因式除去 $u-\alpha$ 得到：

$$\frac{g_1(u)g_2(\alpha)-g_1(\alpha)g_2(u)}{(u-\alpha)}=\overline{g}_{k-1}(u)\alpha^{k-1}+\overline{g}_{k-2}(u)\alpha^{k-2}+\cdots+\overline{g}_1(u)\alpha+\overline{g}_0(u)$$

$$(9\text{-}89)$$

式中：

$$\overline{g}_j(u)=\overline{g}_{j(k-1)}(\hat{a}_i,\hat{b}_i)u^{k-1}+\overline{g}_{j(k-2)}(\hat{a}_i,\hat{b}_i)u^{k-2}+\cdots+\overline{g}_{j1}(\hat{a}_i,\hat{b}_i)u+\overline{g}_{j0}(\hat{a}_i,\hat{b}_i)$$

$$\hat{a}_i=\{a_i\},\hat{b}_i=\{b_i\};j=0,\cdots,(k-1) \qquad (9\text{-}90)$$

由於 $g_1(u)g_2(\alpha)-g_1(\alpha)g_2(u)=0$ 會滿足任意 α 的值，所以 $\overline{g}_j(u)=0$，$j=0,\cdots,(k-1)$ 可整理成：

$$\begin{bmatrix} \hat{g}_{(k-1)(k-1)}(\hat{a}_i,\hat{b}_i) & \hat{g}_{(k-1)(k-2)}(\hat{a}_i,\hat{b}_i) & \cdots & \hat{g}_{(k-1)1}(\hat{a}_i,\hat{b}_i) & \hat{g}_{(k-1)1}(\hat{a}_i,\hat{b}_i) \\ \hat{g}_{(k-2)(k-1)}(\hat{a}_i,\hat{b}_i) & \hat{g}_{(k-2)(k-2)}(\hat{a}_i,\hat{b}_i) & \cdots & \hat{g}_{(k-2)1}(\hat{a}_i,\hat{b}_i) & \hat{g}_{(k-2)0}(\hat{a}_i,\hat{b}_i) \\ \vdots & \vdots & & \vdots & \vdots \\ \hat{g}_{1(k-1)}(\hat{a}_i,\hat{b}_i) & \hat{g}_{1(k-2)}(\hat{a}_i,\hat{b}_i) & \cdots & \hat{g}_{11}(\hat{a}_i,\hat{b}_i) & \hat{g}_{10}(\hat{a}_i,\hat{b}_i) \\ \hat{g}_{0(k-1)}(\hat{a}_i,\hat{b}_i) & \hat{g}_{0(k-2)}(\hat{a}_i,\hat{b}_i) & \cdots & \hat{g}_{01}(\hat{a}_i,\hat{b}_i) & \hat{g}_{00}(\hat{a}_i,\hat{b}_i) \end{bmatrix}\begin{bmatrix} u^{k-1} \\ u^{k-2} \\ \vdots \\ 1 \end{bmatrix}_{k\times1}=0$$

$$(9\text{-}91)$$

式(9-91) 中的矩陣表示為 $\overline{A}$，由於 $g_1(u)$ 和 $g_2(u)$ 有相同解 $u=\overline{u}$，所以 $|\overline{A}|=0$，這稱為是 resultant 的 Bezout's form，相比 SeSylvester's method，是更為精簡的表示式，將此 resultant 展開，可整理得到相同的隱含式：

$$p(x_1,x_2)=0 \qquad (9\text{-}92)$$

9.6.5 回饋線性化控制器設計

對於凸輪磨削平台非線性誤差動態方程式，本文採用輸入-狀態線性化方法對原控制輸入 u 進行回饋線性化處理，再對新的控制輸入 ν 設計控制器。首先設計新的控制輸入 ν，可得誤差動態方程為：

$$\dot{\xi}=\begin{bmatrix} \ddot{\varepsilon} \\ \ddot{e} \end{bmatrix}=\begin{bmatrix} \nu_1 \\ \nu_2 \end{bmatrix} \qquad (9\text{-}93)$$

原控制輸入為：

$$u=\Gamma^{-1}(x,\dot{x},t)+(-\Omega(x,\dot{x},t)+\nu)$$

$$=\Gamma^{-1}(x,\dot{x},t)\begin{bmatrix} -\Omega_1(x,\dot{x},t)+\nu_1 \\ -\Omega_2(x,\dot{x},t)+\nu_2 \end{bmatrix} \qquad (9\text{-}94)$$

即

$$\begin{bmatrix} \dot{\varepsilon} \\ \ddot{\varepsilon} \end{bmatrix} = \begin{bmatrix} 0 & 1 \\ 0 & 0 \end{bmatrix} \begin{bmatrix} \varepsilon \\ \dot{\varepsilon} \end{bmatrix} + \begin{bmatrix} 0 \\ 1 \end{bmatrix} \nu_1 \tag{9-95}$$

$$\begin{bmatrix} \dot{e} \\ \ddot{e} \end{bmatrix} = \begin{bmatrix} 0 & 1 \\ 0 & 0 \end{bmatrix} \begin{bmatrix} e \\ \dot{e} \end{bmatrix} + \begin{bmatrix} 0 \\ 1 \end{bmatrix} \nu_2 \tag{9-96}$$

適當選取回饋增益及線性狀態回饋控制規律：

$$\begin{bmatrix} \nu_1 \\ \nu_2 \end{bmatrix} = \begin{bmatrix} -\alpha_1 \varepsilon - \beta_1 \dot{\varepsilon} \\ -\alpha_2 e - \beta_2 \dot{e} \end{bmatrix} \tag{9-97}$$

可將非線性系統轉換為線性系統：

$$\begin{bmatrix} \dot{\varepsilon} \\ \ddot{\varepsilon} \end{bmatrix} = \begin{bmatrix} 0 & 1 \\ -\alpha_1 & -\beta_1 \end{bmatrix} \begin{bmatrix} \varepsilon \\ \dot{\varepsilon} \end{bmatrix} \tag{9-98}$$

$$\begin{bmatrix} \dot{e} \\ \ddot{e} \end{bmatrix} = \begin{bmatrix} 0 & 1 \\ -\alpha_2 & -\beta_2 \end{bmatrix} \begin{bmatrix} e \\ \dot{e} \end{bmatrix} \tag{9-99}$$

由式(9-98)、式(9-99) 可知，若使系統參數 $\alpha_1 > 0, \alpha_2 > 0, \beta_1 > 0, \beta_2 > 0$，系統才能穩定，才有 $\varepsilon \to 0$ 和 $e \to 0$。

基於回饋線性化的凸輪磨削平台結構圖如圖 9-51 所示，其中，C、X 軸位置控制器在 9.2.1 節已經給出。R_{dc}、R_{dx} 分別表示輸入凸輪磨削平台的 C 軸和 X 軸序列值。

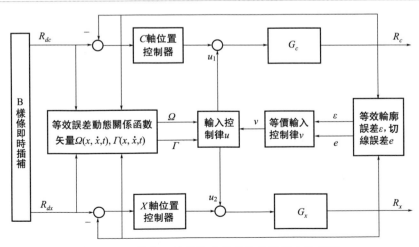

圖 9-51　基於回饋線性化的凸輪磨削平台結構圖

9.6.6　凸輪磨削系統中不確定性干擾的分析

由上一節的回饋線性化分析可得：

$$\begin{bmatrix} u_{i1} \\ u_{i2} \end{bmatrix} = \Gamma^{-1}(x,\dot{x},t) \begin{bmatrix} -\Omega_{i1}(x,\dot{x},t)+\nu_{i1} \\ -\Omega_{i2}(x,\dot{x},t)+\nu_{i2} \end{bmatrix} \qquad (9\text{-}100)$$

式中，ν_{i1}、ν_{i2} 為新的控制輸入。通過極點配置得下式：

$$\begin{bmatrix} \nu_{i1} \\ \nu_{i2} \end{bmatrix} = \begin{bmatrix} -\alpha_1\varepsilon-\beta_1\dot{\varepsilon} \\ -\alpha_2 e-\beta_2\dot{e} \end{bmatrix} \qquad (9\text{-}101)$$

為了使系統穩定，其中 $\alpha_1>0,\alpha_2>0,\beta_1>0,\beta_2>0$。

在這種情況下，當不確定因素存在時，讓 $\hat{\Omega}$ 和 $\hat{\Gamma}$ 代替在實際誤差動態當中名義上的 Ω 和 Γ。因此，回饋線性化的控制法則就應該變成：

$$u_i = \hat{\Gamma}^{-1}(-\hat{\Omega}+v_i) \qquad (9\text{-}102)$$

為了回饋線性化的動態法則，公式變為：

$$\dot{E}=F$$
$$\dot{F}=v+\Delta(E,F,v) \qquad (9\text{-}103)$$

式中，$E=[\varepsilon,e]^{\mathrm{T}}$ 和 $F=[\dot{\varepsilon},\dot{e}]^{\mathrm{T}}$ 是等效誤差和它們關於時間的導數；$\Delta=\Delta\Omega+(\Delta\Gamma)^{-1}(-\hat{\Omega}+v)$ 代表不確定性因素，其中 $\Delta\Omega=\Omega-\hat{\Omega}$ 和 $\Delta\Gamma=\Gamma-\hat{\Gamma}$。當有不確定因素加入時，同時為了提高輪廓精度，需要加入魯棒性和強壯性更強的滑模控制器。其中參數的不確定性均為有界量，既滿足 $|\Delta\Omega|\leqslant\Delta\Omega^*$，$|\Delta\Gamma|\leqslant\Delta\Gamma^*$；$\Delta\Omega^*$、$\Delta\Gamma^*$ 均為有界正實數。

9.6.7　回饋線性化控制器的計算過程

（1）即時插補的計算過程

我們以某一個凸輪的數據為例，雲規曲線階次為 3，進行仿真實驗，控制頂點如表 9-1 所示。

表 9-1　輸入指令值的控制頂點

控制頂點 （C 軸）/(°)	控制頂點 （X 軸）/mm	控制頂點 （C 軸）/(°)	控制頂點 （X 軸）/mm	控制頂點 （C 軸）/(°)	控制頂點 （X 軸）/mm

控制頂點 (C 軸)/(°)	控制頂點 (X 軸)/mm	控制頂點 (C 軸)/(°)	控制頂點 (X 軸)/mm	控制頂點 (C 軸)/(°)	控制頂點 (X 軸)/mm
0	0	120.0466	5.5967	249.9999	0
0	0	130.0287	3.5611	260.0000	0
11.5469	−0.0221	139.8856	0.9924	269.9999	0
19.5865	0.0793	149.9844	0.1219	280.0001	0
30.1271	0.1218	159.9989	0.0789	289.9994	0
40.0837	0.9925	170.0000	0.0206	300.0022	0
49.9795	3.5611	179.9999	0.0055	309.9916	0
59.9511	5.5967	190.0000	0.0015	320.0312	0
69.9653	7.1208	199.9999	0.0004	329.8835	0
79.9808	8.0505	210.0000	0.0001	340.4346	0
90.0000	8.3645	219.9999	0	348.1129	0
100.0189	8.0505	229.9999	0	359	0
110.03526	7.1208	240.0000	0	359	0

節點矢量 U 為：

$$U=\{0,0,0,0,0.2775,0.0555,\cdots,0.947269413858605,0.975022353933023,1,1,1,1\}$$
$$(9\text{-}104)$$

在本節中，簡單地設計插補函數，目的就是使插補控制器和等效誤差控制目標兼容。曲線參數 $u=0$ 對應的是起點，$u=1$ 對應的是終點，可以簡單地選取插補函數：

$$u(t)=\frac{t}{T},0\leqslant t\leqslant T \qquad (9\text{-}105)$$

式中，T 為插補週期，在本文中 T 選擇 36s。

（2）隱函式化的計算過程

共有 36 段擬合曲線，其曲線的片段參數式為：

$$C(u)=\begin{cases} C_1(u), & 0\leqslant u<u_5 \\ C_2(u), & u_5\leqslant u<u_6 \\ \vdots & \vdots \\ C_{36}(u), & u_{39}\leqslant u<1 \end{cases} \qquad (9\text{-}106)$$

於是可得對應的有理多項式表達式：

$$C_i(u) = \begin{bmatrix} a_{i3}u^3 + a_{i2}u^2 + a_{i1}u + a_{i0} \\ b_{i3}u^3 + b_{i2}u^2 + b_{i1}u + b_{i0} \end{bmatrix} \tag{9-107}$$

式中，$i = 1, 2, \cdots, 36$。

其中有理多項式的係數 a_{ij}、b_{ij} 求解方式如下式：

$$\begin{aligned}
a_{i3} &= -x_c(i) + 3x_c(i+1) - 3x_c(i+2) + x_c(i+3) \\
a_{i2} &= x_c(i) - 2x_c(i+1) + x_c(i+2) \\
a_{i1} &= -x_c(i) + x_c(i+2) \\
a_{i0} &= x_c(i) + 4x_c(i+1) + x_c(i+2)
\end{aligned} \tag{9-108}$$

$$\begin{aligned}
b_{i3} &= -x_x(i) + 3x_x(i+1) - 3x_x(i+2) + x_x(i+3) \\
b_{i2} &= x_x(i) - 2x_x(i+1) + x_x(i+2) \\
b_{i1} &= -x_x(i) + x_x(i+2) \\
b_{i0} &= x_x(i) + 4x_x(i+1) + x_x(i+2)
\end{aligned} \tag{9-109}$$

其中 $d_i = (x_c(i), x_x(i))$，再由前面提供的隱函式法，對這 36 段曲線做隱函式化得到：

$$p_i(x_c, x_x) = \begin{cases} p_1(x_c, x_x), & 0 \leqslant u < u_5 \\ p_2(x_c, x_x), & u_5 \leqslant u < u_6 \\ \vdots & \vdots \\ p_{36}(x_c, x_x), & u_{39} \leqslant u < 1 \end{cases} \tag{9-110}$$

式中，$i = 1, 2, \cdots, 36$。

$$\begin{aligned}
p_i(x_c, x_x) = {} & c_{i1}x_c^3 + c_{i2}x_c^2 x_x + c_{i3}x_c^2 + c_{i4}x_c x_x^2 + c_{i5}x_c x_x + \\
& c_{i6}x_x^3 + c_{i7}x_x^2 + c_{i8}x_c + c_{i9}x_x + c_{i10}
\end{aligned} \tag{9-111}$$

在隱函式化的過程中，由於計算的數值誤差累積，得到的隱函式曲線和原來的參數式曲線還會有誤差產生；在現今追求高精度的磨削要求下，輪廓誤差的要求至少都在 20μm 以下精度範圍，甚至會更低。所以隱函式得到的曲線，至少要比需要的精度，更精確地減少幾個階次，才不至於讓隱函式化成為產生大誤差的主要原因。

由等效誤差概念可得：

$$p(x_1, x_2) = c_1 x_1^q + c_2 x_1^{q-1} x_2 + c_3 x_1^{q-2} x_2^2 + \cdots = 0 \tag{9-112}$$

又因為 $p(x_1, x_2) = \det(A(x_1, x_2))$，利用矩陣的微分：

$$\frac{\partial^{i+j}}{\partial x_1 \partial x_2}\{\det(A(x_1, x_2))\}\Big|_{x_1=0, x_2=0} \tag{9-113}$$

可將每一項係數 $x_1^i x_2^j$ 分為多個矩陣的行列式相加求得，相加的行列式個數則是由排列組合的結果決定的，再將原來的曲線參數式的命令點代入此隱函式計算方法計算即可。

（3）等效誤差動態系統狀態變數計算過程

我們已知凸輪旋轉軸與砂輪饋送軸機械驅動環節的傳遞函數 $G_c(s)$、$G_x(s)$ 分別為：

$$G_c(s) = \frac{50000}{0.014s^2 + 10s + 50000} \tag{9-114}$$

$$G_x(s) = \frac{74.8312}{0.01472s^2 + 15.7757s + 46994} \tag{9-115}$$

將此傳遞函數還原為微分方程式：

$$\begin{cases} \ddot{x}_c = -714.285\dot{x}_c - 3571428.57\,x_c + 3571428.57u \\ \ddot{x}_x = -1071.719\dot{x}_x - 3192527.17\,x_x + 3192527.17u \end{cases} \tag{9-116}$$

誤差方程為：

$$\begin{bmatrix} \varepsilon \\ e \end{bmatrix} = \begin{bmatrix} p_i(x_c, x_x) \\ \dot{x}_{dc}x_c - x_{dc}\dot{x}_c + \dot{x}_{dx}x_x - x_{dx}\dot{x}_x \end{bmatrix} \tag{9-117}$$

其動態方程為：

$$\begin{bmatrix} \ddot{\varepsilon} \\ \ddot{e} \end{bmatrix} = \boldsymbol{\Omega}_i(x, \dot{x}, t) + \boldsymbol{\Gamma}_i(x, \dot{x}, t)u \tag{9-118}$$

其中：

$$\boldsymbol{\Omega}_i = \begin{bmatrix} \Omega_{i1} \\ \Omega_{i2} \end{bmatrix} = \begin{bmatrix} (3c_{i1}x_c^2 + 2c_{i2}x_c x_x + 2c_{i3}x_c + c_{i4}x_x^2 + c_{i5}x_x c_{i8})(-714.285\dot{x}_c \\ -3571428.57\,x_c) + (c_{i2}x_c^2 + 2c_{i4}x_c x_x + c_{i5}x_c + 3c_{i6}x_x^2 + 2c_{i7}x_x \\ +c_{i9})(-1071.719\dot{x}_x - 3192527.17\,x_x) \\ (-714.285\dot{x}_c - 3571428.57\,x_c)\dot{x}_{dc} + (-1071.719\dot{x}_x \\ -3192527.17\,x_x)\dot{x}_{dx} + (2\dot{x}_c - 3\dot{x}_{dc})\ddot{x}_{dc} + (2\dot{x}_x - 3\dot{x}_{dx})\ddot{x}_{dc} \\ +(x_c - x_{dc})\dddot{x}_{dc} + (x_x - x_{dx})\dddot{x}_{dx} \end{bmatrix}$$

$$\boldsymbol{\Gamma}_i = \begin{bmatrix} 3571428.57\dfrac{\partial p_i(x_c, x_x)}{\partial x_{ic}} & 3192527.17\dfrac{\partial p_i(x_c, x_x)}{\partial x_{ic}} \\ 3571428.57\dot{x}_{idc} & 3192527.17\dot{x}_{idx} \end{bmatrix} \tag{9-119}$$

再根據以下兩個公式就可求得控制輸入 u 為：

$$\begin{bmatrix} u_{i1} \\ u_{i2} \end{bmatrix} = \Gamma^{-1}(x,\dot{x},t)\begin{bmatrix} -\Omega_{i1}(x,\dot{x},t)+\nu_{i1} \\ -\Omega_{i2}(x,\dot{x},t)+\nu_{i2} \end{bmatrix} \tag{9-120}$$

$$\begin{bmatrix} \nu_{i1} \\ \nu_{i2} \end{bmatrix} = \begin{bmatrix} -\alpha_1\varepsilon-\beta_1\dot{\varepsilon} \\ -\alpha_2 e-\beta_2\dot{e} \end{bmatrix} \tag{9-121}$$

式中，$i=1,2,\cdots,36$。

9.6.8　基於回饋線性化控制器設計的仿真分析

(1) 系統參數不變

通過對以上計算過程進行編程實現，本節採用凸輪磨削平台進行仿真，凸輪給定插補指令，當系統參數不發生變化，即 $\Delta\Omega=0$、$\Delta\Gamma=0$，不加擾動的同時，經過反覆配置極點，選取控制器參數為：$\alpha_1=10$，$\beta_1=25$，$\alpha_2=10$，$\beta_2=25$。通過仿真得到各誤差曲線如圖 9-52～圖9-55 所示。

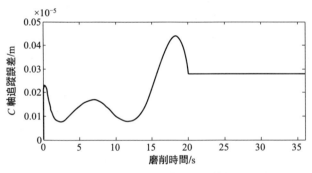

圖 9-52　C 軸追蹤誤差曲線圖

由圖 9-54 和圖 9-55 可以看出等效輪廓誤差和切線輪廓誤差在 $-10\sim20\mu m$ 之間，可見精度滿足需要。為了驗證系統的抗擾性能，在磨削時間進行到 20s 的時候，向 X 軸和 C 軸突加 50N 的階躍擾動時，經過反覆調試，選取控制器參數為：$\alpha_1=10$，$\beta_1=25$，$\alpha_2=10$，$\beta_2=25$。此時得出等效輪廓誤差和切線輪廓誤差仿真結果如圖 9-56、圖 9-57 所示。

從圖 9-56 和圖 9-57 中可以看出，當系統只出現擾動的時候，本節提出的運用回饋線性化及極點配置方法設計的控制器具有很好的抗擾性能。

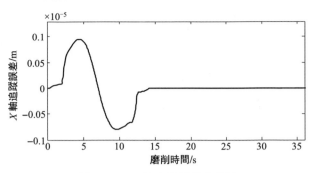

圖 9-53　X 軸追蹤誤差曲線圖

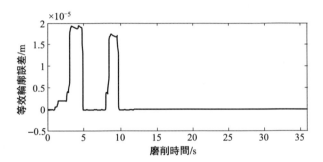

圖 9-54　等效輪廓誤差曲線圖

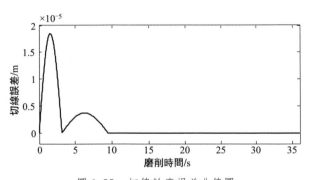

圖 9-55　切線輪廓誤差曲線圖

（2）系統參數變化

當數控凸輪磨削系統不確定性參數發生變化時，即為 $\Delta\Omega = 20\%\Omega$、$\Delta\Gamma = 20\%\Gamma$ 時，並且分別在 20s 時向 X 軸和 C 軸突加 50N 的階躍擾動，得出的仿真圖如圖 9-58 和圖 9-59 所示。

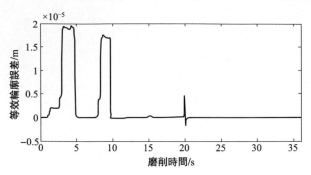

圖 9-56　加擾動後等效輪廓誤差曲線圖

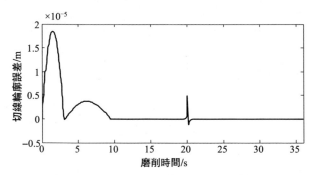

圖 9-57　加擾動後切線輪廓誤差曲線圖

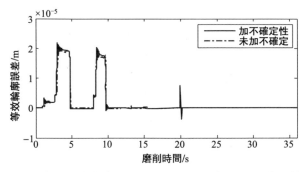

圖 9-58　加入不確定性前後等效輪廓誤差對比圖（電子版）

　　從圖 9-58 和圖 9-59 中可以看出，當不確定參數發生變化的時候，本節提出的控制器下的輪廓誤差變大並且系統不穩定，不能滿足我們對精度的需要並且系統性能不穩定。可見此方法不能完全消除參數變化對系統性能的影響，需要魯棒性和穩定性更好的控制器。

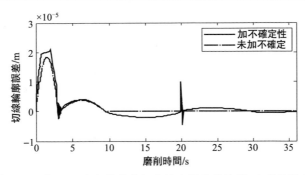

圖 9-59　加入不確定性前後切線輪廓誤差對比圖（電子版）

9.6.9　基於 RBF 神經網路的等效積分滑模控制器設計

在凸輪磨削的等效誤差模型當中，前面介紹的基於輸入-狀態回饋線性化的方法，設計新的控制輸入，對新的控制輸入進行極點配置設計控制器，在系統參數不發生變化時可以獲得很高的精度，但是在實際的系統當中 C 軸和 X 軸的性能會受到一些系統不確定性的參數變化等因素的影響，所以在實際操作中此方法會存在一定的侷限性。所以，為了進一步提高系統的穩定性和磨削精度，本節在兩軸間引入等效積分滑模控制，滑模控制能有效提高雙軸系統的穩定性，為削弱磨削過程中出現的抖振現象，採用 RBF 神經網路自適應調整切換增益係數，這樣在磨削過程中既能提高磨削精度又能增強系統的魯棒性。

（1）基於等效積分滑模控制的回饋線性化模型

對於數控凸輪磨削平台控制系統，其動態方程可表示為 2 個普通的二階微分方程：

$$\ddot{x}_1 = f_1(x_1, \dot{x}_1) + g_1(x_1, \dot{x}_1)u_1 + F_1 \tag{9-122}$$

$$\ddot{x}_2 = f_2(x_2, \dot{x}_2) + g_2(x_2, \dot{x}_2)u_2 + F_2 \tag{9-123}$$

式中，x_1 和 x_2 為各軸的輸出位置；$\dot{x}_1$ 和 $\dot{x}_2$ 為各軸的速度狀態；u_1 和 u_2 為輪廓誤差補償量；$f_1(x, \dot{x})$ 和 $f_2(x, \dot{x})$ 為各軸的動態關係；$g_1(x, \dot{x})$ 和 $g_2(x, \dot{x})$ 為輸入與各軸的動態關係；F_1 和 F_2 為各軸的外部擾動力。

可得誤差動態方程為：

$$\dot{E} = \begin{bmatrix} \dot{\varepsilon} \\ \dot{e} \end{bmatrix} = \begin{bmatrix} p(c, x) \\ \dot{x}_d^T(x - x_d) \end{bmatrix}' = F \tag{9-124}$$

$$\ddot{E} = \begin{bmatrix} v_1 \\ v_2 \end{bmatrix} = \begin{bmatrix} \ddot{\varepsilon} \\ \ddot{e} \end{bmatrix} = \Omega_i(x, \dot{x}, t) + \Gamma_i(x, \dot{x}, t)u \tag{9-125}$$

設置一系列的狀態變數為：$x_1 = \varepsilon$，$x_2 = e$，$x_3 = \dot{\varepsilon}$，$x_4 = \dot{e}$；可轉化為下式：

$$\begin{bmatrix} \dot{x}_1 \\ \dot{x}_2 \end{bmatrix} = \begin{bmatrix} x_3 \\ x_4 \end{bmatrix} \tag{9-126}$$

$$\begin{bmatrix} \dot{x}_3 \\ \dot{x}_4 \end{bmatrix} = \begin{bmatrix} \Omega_{i1} \\ \Omega_{i2} \end{bmatrix} + \boldsymbol{\Gamma}_i \begin{bmatrix} u_1 \\ u_2 \end{bmatrix} \tag{9-127}$$

式中：

$$\boldsymbol{\Omega}_i = \begin{bmatrix} \Omega_{i1} \\ \Omega_{i2} \end{bmatrix} = \begin{bmatrix} (3c_{i1}x_c^2 + 2c_{i2}x_cx_x + 2c_{i3}x_c + c_{i4}x_x^2 + c_{i5}x_xc_{i8})(-714.285\dot{x}_c \\ -3571428.57\,x_c) + (c_{i2}x_c^2 + 2c_{i4}x_cx_x + c_{i5}x_c + 3c_{i6}x_x^2 + 2c_{i7}x_x \\ + c_{i9})(-1071.719\dot{x}_x - 3192527.17\,x_x) \\ (-714.285\dot{x}_c - 3571428.57\,x_c)\dot{x}_{dc} + (-1071.719\dot{x}_x \\ -3192527.17\,x_x)\dot{x}_{dx} + (2\dot{x}_c - 3\dot{x}_{dc})\ddot{x}_{dc} + (2\dot{x}_x - 3\dot{x}_{dx})\ddot{x}_{dc} \\ + (x_c - x_{dc})\dddot{x}_{dc} + (x_x - x_{dx})\dddot{x}_{dx} \end{bmatrix} \tag{9-128}$$

$$\boldsymbol{\Gamma}_i = \begin{bmatrix} 3571428.57\dfrac{\partial p_i(x_c, x_x)}{\partial x_{ic}} & 3192527.17\dfrac{\partial p_i(x_c, x_x)}{\partial x_{ic}} \\ 3571428.57\dot{x}_{idc} & 3192527.17\dot{x}_{idx} \end{bmatrix} \tag{9-129}$$

現在我們的目標是通過設計 u_1 和 u_2 使式（9-126）和式（9-127）漸近穩定，轉化成一個穩定化的問題。

(2) 等效積分滑模控制器的設計

滑模控制器設計一般分為兩步，分別為滑模面和控制律的設計。對凸輪磨削平台來說，由於不確定性的大小，瞬態性能可能會降低。為了保證系統的穩定性和性能的廣泛的不確定性，可以設計一個積分滑模控制器，積分滑模面的設計能消除外部干擾對系統帶來的穩態誤差，採用等效誤差及其時間導數的組合來定義滑模面：

$$\boldsymbol{\sigma} = \begin{bmatrix} \sigma_1 \\ \sigma_2 \end{bmatrix} = \begin{bmatrix} \dot{\varepsilon} + b_1\varepsilon + c_1\int\varepsilon \\ \dot{e} + b_2e + c_2\int e \end{bmatrix} = \dot{E} + \boldsymbol{b}E + \boldsymbol{c}\int E \tag{9-130}$$

式中：

$$\boldsymbol{b} = \begin{bmatrix} b_1 & 0 \\ 0 & b_2 \end{bmatrix}, b_1, b_2 > 0 ; \boldsymbol{c} = \begin{bmatrix} c_1 & 0 \\ 0 & c_2 \end{bmatrix}, c_1, c_2 > 0 \tag{9-131}$$

式中，正常數 $b_1, b_2, c_1, c_2 > 0$ 決定收斂速度。

滑模面矢量的一階導數為：

$$\dot{\boldsymbol{\sigma}} = \begin{bmatrix} \dot{\sigma}_1 \\ \dot{\sigma}_2 \end{bmatrix} = \begin{bmatrix} \ddot{\varepsilon} + b_1\dot{\varepsilon} + c_1\varepsilon \\ \ddot{e} + b_2\dot{e} + c_2e \end{bmatrix} = \ddot{E} + \boldsymbol{b}\,\dot{E} + \boldsymbol{c}E = \nu + \boldsymbol{b}\,\dot{E} + \boldsymbol{c}E \tag{9-132}$$

式中，控制律 v 是由兩部分組成的，即為：

$$v = v_{eq} + v_{ss} \tag{9-133}$$

式中，v_{eq} 為等效控制；v_{ss} 為切換控制。v_{eq} 將系統狀態維持在滑模面上，v_{ss} 實現對不確定參數變換和外加干擾的魯棒控制。

如果達到理想的滑動模態控制，則 $\dot{\sigma} = 0$。即為：

$$\dot{\sigma} = \ddot{E} + b\,\dot{E} + cE = 0 \tag{9-134}$$

可得：

$$v_{eq} = \ddot{E} = -b\dot{E} - cE = -bF - cE \tag{9-135}$$

$$\begin{bmatrix} v_{eq1} \\ v_{eq2} \end{bmatrix} = \begin{bmatrix} \ddot{\varepsilon} \\ \ddot{e} \end{bmatrix} = \begin{bmatrix} -b_1\dot{\varepsilon} - c_1\varepsilon \\ -b_2\dot{e} - c_2e \end{bmatrix} \tag{9-136}$$

(3) 切換控制項設計及穩定性分析

① 常規切換控制項設計　為了確保滑模面的到達情況成立，即 $\sigma\dot{\sigma} \leqslant -K|\sigma|$，切換律可以被設計為：

$$v_{ss} = -K\,\mathrm{sign}(\sigma)$$

$$\begin{bmatrix} v_{ss1} \\ v_{ss2} \end{bmatrix} = -\begin{bmatrix} k_1 & 0 \\ 0 & k_2 \end{bmatrix} \begin{bmatrix} \mathrm{sign}(\sigma_1) \\ \mathrm{sign}(\sigma_2) \end{bmatrix} \tag{9-137}$$

式中，$K = \begin{bmatrix} k_1 & 0 \\ 0 & k_2 \end{bmatrix}, k_1 > 0, k_2 > 0$ 為增益項。

定義符號函數為：

$$\mathrm{sign}(\sigma) = \begin{cases} 1, & \sigma > 0 \\ 0, & \sigma = 0 \\ -1, & \sigma < 0 \end{cases} \tag{9-138}$$

整體輸入的控制律為：

$$v = v_{eq} + v_{ss} \tag{9-139}$$

② 穩定性分析　為了使系統在有限的時間內達到滑模面，選擇李雅普諾夫函數：

$$V_1 = \frac{1}{2}\sigma_1^2 \tag{9-140}$$

由式(9-130) 和式(9-132) 可知 σ 和 $\dot{\sigma}$ 的公式。

由李雅普諾夫的穩定性理論可知，滿足滑模到達條件：

$$\dot{V}_1 = \sigma_1\dot{\sigma}_1 \leqslant 0 \tag{9-141}$$

將式(9-132) 代入式(9-141) 得：

$$\dot{V}_1 = \sigma_1 \dot{\sigma}_1 = \sigma_1(\ddot{\varepsilon} + b_1\dot{\varepsilon} + c_1\varepsilon) \tag{9-142}$$

將式(9-134) 代入式(9-142) 可得：

$$\dot{V} = -\sigma_1 k_1 \text{sign}(\sigma_1) = -k_1|\sigma_1| \tag{9-143}$$

由於式中 $k_1>0$，所以 $\dot{V}_1 \leqslant 0$，由此可知滑模面 σ_1 是漸近穩定的。同理，其中 $k_2>0$，可得滑模面 σ_2 也是漸近穩定的。

(4) 基於等效積分滑模控制器的仿真分析

如圖 9-60 所示為凸輪磨削平台中等效積分滑模控制器的結構框圖。

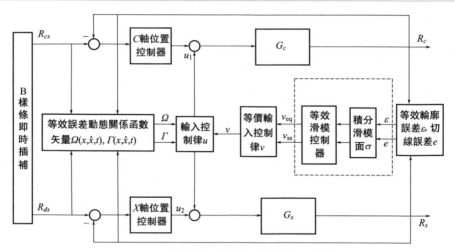

圖 9-60　等效積分滑模控制器的結構框圖

本節採用凸輪磨削平台進行仿真，採用凸輪給定插補指令，只分析當系統不確定性參數發生變化時（即當 $\Delta\Omega = 20\%\Omega$、$\Delta\Gamma = 20\%\Gamma$ 時），在 20s 時分別向 X 軸和 C 軸突加 50N 的階躍擾動，常規切換控制下的等效積分滑模的控制器參數 $b_1=20$，$b_2=500$，$c_1=20$，$c_2=500$，$k_1=10$，$k_2=25$，等效輪廓誤差和切線輪廓誤差仿真圖如圖 9-61 和圖 9-62 所示。

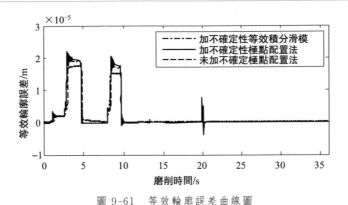

圖 9-61　等效輪廓誤差曲線圖

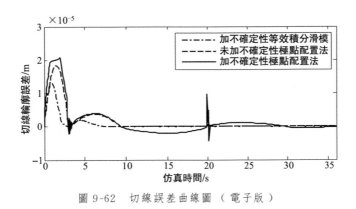

圖 9-62　切線誤差曲線圖（電子版）

由圖 9-61 和圖 9-62 可以看出，在加入不確定性發生變化的時候，基於極點配置設計的控制器不能適應系統的變化，尤其切線輪廓誤差難以穩定，常規的等效積分滑模控制具有更好的魯棒性，並且能減小等效輪廓誤差和切線輪廓誤差，提高凸輪的磨削精度，但是其存在高頻抖振現象，增加了穩態誤差，於是在下一節中提出 RBF 神經網路自適應滑模控制的方法來削弱磨削過程中的抖振。

9.6.10　RBF 神經網路自適應控制增益調整

滑模控制的主要優點是對開關面上的參數變化和外部擾動不敏感，具有強魯棒性，當然滑模控制也有缺點，比如存在較嚴重的抖振現象。抖振的主要原因是開關切換動作所造成的控制的不連續性[17]。

在本節中通常需要大的控制增益 K 來減小從初始狀態到達開關表面所需的時間。為了保持軌跡在滑動模面上，控制增益的選擇也和不確定性因素的大

小有關，然而，系統的參數變化也是難以測量的，而且外部負載擾動的精確值在實際中也很難預先知道，因此通常在切換控制項中選取較大的增益 K。儘管使用一個恆定的控制增益可以使滑模控制器得以實現，但切換滑模面時會產生不必要的偏差，造成大量的抖振。對於凸輪磨削這類對精度要求比較高的工作來說，抖振的出現，嚴重影響凸輪的磨削精度。本節通過在線調整切換增益係數削弱抖振[18]，因此，切換函數增益 K 採用 RBF 神經網路進行自適應調整。

（1）RBF 神經網路自適應控制增益調整演算法

由於滑模控制的抖振主要是由控制量的高頻切換控制係數引起的，尤其在凸輪磨削系統中，存在大量的不確定因素和外部干擾力，從而使常規的等效滑模控制難以解決這些問題，同時神經網路是具有逼近功能的非線性函數，非常適合用於非線性開關律設計。RBF 神經網路是具有一種單隱層的三層前饋網路，其中映射的輸入層到隱含層與徑向基函數是非線性的，而隱含層與輸出層是線性的，與標準前饋反向傳播網路相比，它具有逼近能力強、學習速度快、陷入局部極小的優

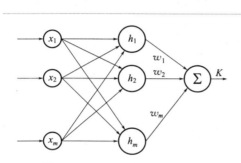

圖 9-63　RBF 神經網路原理圖

點[19]。一個典型的 RBF 神經網路原理圖如圖 9-63 所示。因此，本節選擇 RBF 神經網路動態自適應調節切換函數增益的方法。

由式(9-139) 可知整體控制律，其中切換函數增益可以利用 RBF 神經網路演算法自適應調整，同時只要保證所要調整的參數 $K>0$，就可使系統的滑模面穩定。表現形式為：

$$K = \left| W^{\mathrm{T}} H \right| \tag{9-144}$$

$$W^{\mathrm{T}} H = \sum_{i=1}^{m} w_i h_i = \sum_{i=1}^{m} w_i \exp\left(\frac{- \parallel X_i - C_i \parallel^2}{\varphi_i^2} \right) \tag{9-145}$$

式中，m 為隱含層神經元個數；w_i 為第 i 個輸出層權重；h_i 為第 i 個隱含層神經元的輸出；X_i 為第 i 個網路輸入矢量；C_i 為 RBF 神經網路的中心矢量；φ_i 為 RBF 神經網路的基寬矢量，且為大於 0 的數。

為了確保 RBF 神經網路在線接近切換控制率，RBF 神經網路的輸入矢量的設計是一個單一的元素，就是滑模面 σ。由於本節中有兩個切換增益係數，都分別使用 RBF 神經網路自適應調節，所以兩個 RBF 神經網路的輸入分別為 σ_1、σ_2，同時

減少了 RBF 函數中心矢量的維數，也減少了計算時間，增強了網路即時的可行性。RBF 原理圖如圖 9-64 所示。

控制的目標是使 $\sigma(t)\dot{\sigma}(t) \to 0$，則神經網路的權值調整指標為：

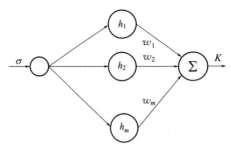

$$E = \sigma(t)\dot{\sigma}(t) \qquad (9\text{-}146)$$

圖 9-64　RBF 原理圖

RBF 神經網路函數常用的學習演算法有 K-means 聚類演算法、OLS 學習演算法和梯度下降法，在本節當中選擇梯度下降法對 RBF 神經網路參數進行修正。梯度下降法是沿性能函數負梯度方向搜尋逐步修正模型直到性能指標函數最小的一種學習方法。可得出 RBF 神經網路中各值的疊代演算法如下。

變化權值：

$$\mathrm{d}\,w_i = -\eta\,\frac{\partial E}{\partial w_i} = -\eta\,\frac{\partial(\sigma(t)\dot{\sigma}(t))}{\partial w_i} = -\eta\,\frac{\partial(\sigma(t)\dot{\sigma}(t))}{\partial v_{\mathrm{ss}}} \times \frac{\partial v_{\mathrm{ss}}}{\partial w_i} = \eta\beta\sigma(t)h_i$$
$$(9\text{-}147)$$

輸出權：

$$w_i(t+1) = w_i(t) + \mathrm{d}w_i \qquad (9\text{-}148)$$

節點中心矢量變化值：

$$\mathrm{d}\,C_i = -\eta\,\frac{\partial E}{\partial C_i} = -\eta\,\frac{\partial(\sigma(t)\dot{\sigma}(t))}{\partial C_i} = -\eta\,\frac{\partial(\sigma(t)\dot{\sigma}(t))}{\partial v_{\mathrm{ss}}} \times \frac{\partial v_{\mathrm{ss}}}{\partial C_i} = 2\eta\beta\,w_i h_i\frac{\sigma\text{-}C_i}{\varphi_i}$$
$$(9\text{-}149)$$

節點中心矢量值：

$$C_i(t+1) = C_i(t) + \mathrm{d}C_i \qquad (9\text{-}150)$$

節點基寬矢量變化值：

$$\mathrm{d}\,\varphi_i = -\eta\,\frac{\partial E}{\partial \varphi_i} = -\eta\,\frac{\partial(\sigma(t)\dot{\sigma}(t))}{\partial \varphi_i} = -\eta\,\frac{\partial(\sigma(t)\dot{\sigma}(t))}{\partial v_{\mathrm{ss}}} \times \frac{\partial v_{\mathrm{ss}}}{\partial \varphi_i} = \eta\beta\,w_i h_i\frac{(\sigma\text{-}C_i)^2}{(\varphi_i)^2}$$
$$(9\text{-}151)$$

節點基寬矢量值：

$$\varphi_i(t+1) = \varphi_i(t) + \mathrm{d}\varphi_i \qquad (9\text{-}152)$$

式中，η 為學習效率因子；C_i 為第 i 個單輸入網路的中心元；β 為常數，當

在等效誤差滑模面時是 $\Gamma(1,1)$，在等效誤差滑模面時是 $\Gamma(2,2)$。

（2）RBF 神經網路自適應調節參數的等效滑模控制器仿真分析

　　加入 RBF 神經網路自適應調節切換控制項係數的凸輪磨削平台等效積分滑模控制器的結構框圖如圖 9-65 所示。

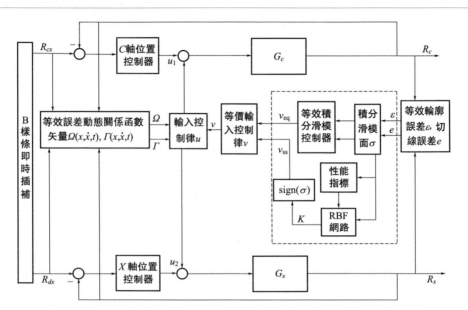

圖 9-65　RBF 神經網路自適應調節參數的等效積分滑模控制器結構框圖

　　本節只分析當不確定性系統參數發生變化時，即 $\Delta\Omega=20\%\Omega$、$\Delta\Gamma=20\%\Gamma$ 時，並且分別在 20s 時向 X 軸和 C 軸突加 50N 的階躍擾動的情況，此時的等效積分滑模的控制器參數為 $b_1=20$，$b_2=500$，$c_1=20$，$c_2=500$。本節所採用的 RBF 神經網路隱含層神經元選為 5，即為 $m=5$。通過公式（9-147）可以使神經元隱含層與輸出層之間的連接權值 w_i 即時調整，以實現 RBF 神經網路的在線學習。我們選擇權值的初始值均由 rand 函數隨機產生，同時保證網路良好的全局搜尋能力，其中學習效率因子選擇 $\eta_1=0.0025$、$\eta_2=0.0025$；節點中心矢量初值選擇 $C_1=C_2=[0.1,0.1,0.1,0.1,0.1]^T$；節點基寬值選擇 $\varphi_1=\varphi_2=[0.2,0.2,0.2,0.2,0.2]^T$。得出利用 RBF 神經網路逼近切換係數後的等效輪廓誤差和切線輪廓誤差仿真圖如圖 9-66 和圖 9-67 所示。

　　選擇磨削時間為 $24\sim35$s 的等效輪廓誤差曲線和切線輪廓誤差曲線的局部放大圖如圖 9-68 和圖 9-69 所示。

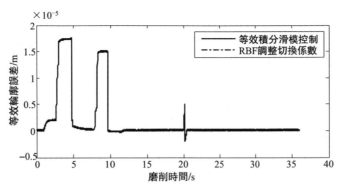

圖 9-66　RBF 自適應調節參數的等效輪廓誤差 （電子版）

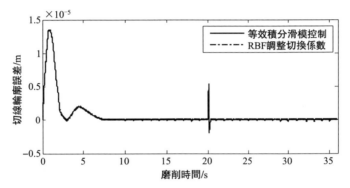

圖 9-67　RBF 自適應調節參數的切線輪廓誤差 （電了版）

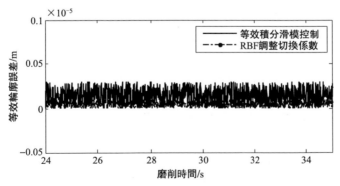

圖 9-68　等效輪廓誤差局部放大圖 （電子版）

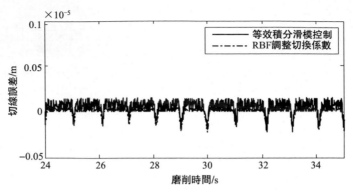

圖 9-69　切線輪廓誤差局部放大圖 （電子版）

　　本節通過截取在 24～35s 時等效輪廓誤差和切線輪廓誤差的局部放大圖可以看出，利用 RBF 神經網路自適應逼近切換係數取得一個很好的效果，能進一步削弱凸輪磨削過程中所發生的抖振，並能保證系統的穩定性。

參考文獻

[1]　CHEN S L, WU K C. Contouring control of smooth paths for multiaxis motion systems based on equivalent errors[J]. IEEE Transactions on Control Systems Technology, 2007, 15 (6)：1151-1158.

[2]　CHEN S L, TSAI Y C. Contouring control of a parallel mechanism based on equivalent errors ［ C ］// American Control Conference. IEEE, 2008：2384-2388.

[3]　武志濤. 直接驅動 X-Y 數控平臺輪廓追蹤控制策略研究［D］. 瀋陽：瀋陽工業大學, 2012.

[4]　王靜. 高精度數控凸輪磨削的速度優化與輪廓誤差補償［D］. 長春：吉林大學, 2017.

[5]　王勛龍, 張紅燕, 隋振, 等. 數控凸輪磨削中三環控制系統設計［J］. 吉林大學學報 (信息科學版), 2012, 30 (1)：40-46.

[6]　王勛龍, 張紅燕, 隋振, 等. 凸輪軸磨削系統中機械驅動環節模型的建立與計算機仿真［J］.機床與液壓, 2012, 40 (17)：115-117.

[7]　郭盟. 凸輪磨削的建模與控制［D］. 長春：吉林大學, 2012.

[8]　王西彬, 解麗靜. 超高速切削技術及其新進展［J］. 中國機械工程, 2010 (2)：190-194.

[9]　王豐堯. 滑模變結構控制［M］. 北京：機械工業出版社, 1995：2-21.

[10]　房磊. 凸輪數控磨削的速度優化［D］. 長春：吉林大學, 2015.

[11]　唐浩, 鄧朝暉, 萬林林, 等. 基於交替隔

點插值的凸輪升程擬合方法在磨削加工中的應用[J]. 機械工程學報, 2012, 48 (23): 191-198.

[12]　JACKSON M J, DAVIS C J, HITCHINER M P, et al. High-speed grinding with CBN grinding wheels - applications and future technology[J]. Journal of Materials Processing Tech, 2001, 110 (1): 78-88.

[13]　WAI R J, LIN F J. Fuzzy neural network sliding-mode position controller for induction servo motor drive[J]. IEE Proceedings-Electric Power Applications, 1999, 146 (3): 297-308.

[14]　WATTS H G, HUNTER M R, THOMPSON R E. Method for generating axis control data for use in controlling a grinding machine and the like and system therefor: US, US4791575[P]. 1988.

[15]　王侃昌. 基於 B 雲規的自由曲線曲面光順研究[D]. 咸陽: 西北農林科技大學, 2004.

[16]　HAN Qiushi, XU Baojie, WANG Nongjun. The constant grinding ratio mathematical model of the cam contour grinding[C]//Proceeding of international conference on advanced manufacturing technology. Press of Science, 1999.

[17]　NIU J, FU Y, QI X. Design and application of discrete sliding mode control with RBF network-based switching law[J]. 中國航空學報 (英文版), 2009, 22 (3): 279-284.

[18]　王洪, 戴瑜興, 譚彥杰, 等. 基於加權支持向量機的凸輪升程誤差擬合方法[J]. 計算機工程與科學, 2016, 38 (5): 1057-1065.

[19]　YANG L, HONG Y. Adaptive penalized splines for data smoothing[J]. Computational Statistics & Data Analysis, 2016.

第10章

基於GCTC優化的凸輪輪廓誤差的雙閉環控制

為了進一步提高磨削精度，提出了基於 GCTC（Generalized Cycle-to-Cycle）控制的雙環控制方案，對輪廓曲線進行雙閉環控制。基於 GCTC 回饋控制的凸輪輪廓誤差雙閉環控制系統如圖 10-1 所示，即利用過程控制中的 CTC 控制思想提出廣義的 CTC 回饋控制策略。其中，內環採用設計的傳統控制器以保證追蹤精度；外環中，GCTC 回饋控制作為內環的一個優化模組，用來更新外環的給定值。GCTC 控制模型的建立是基於給定值和前一個加工週期的測量誤差；等價的動態模型由內環的控制系統得到；設計的 GCTC 控制器較易理解，通過對控制模型的穩定性、穩態誤差以及動態性能的分析可對控制器進行設計和優化，並推導出 GCTC 閉環控制的充要條件。GCTC 控制系統中只需要對低通濾波器和一個比例增益進行選取，其優越性通過仿真試驗得到了驗證，實際應用結果更進一步驗證了控制器的有效性。此控制策略解決了數控凸輪磨削的傳統控制方法存在的僅利用當前運動週期的資訊而之前運動週期的資訊未被利用的問題，明顯提高了凸輪輪廓精度。

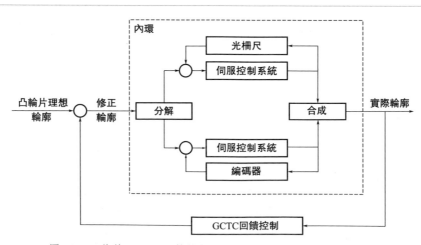

圖 10-1　基於 GCTC 回饋控制的凸輪輪廓誤差雙閉環控制系統

10.1 廣義 CTC 回饋控制

很明顯，初始提出的 CTC 中的假設在重複的運動控制中並不能成立。因為任何機械運動系統的動態模型都不能簡化為一個常數的過程增益，而且 CTC 的理念是利用上一個週期的資訊去指導下一個週期的加工，所以前一個週期的測量誤差也應考慮在內。

本節將建立一個廣義的 CTC 回饋控制來應用於一般系統，尤其是不滿足 CTC 初始的假設條件的系統。目的是利用 CTC 理念，提出一個新的基於測量的離線廣義 CTC 回饋控制系統。根據在前一個週期的測量值以及根據加工過程對應選擇的控制律，可以得到一組更合適的控制輸入值。提出的廣義 CTC 控制不需要頻繁的測量，這也是與重複控制最大的區別。

廣義的 CTC(GCTC) 模型建立如下：

$$Y(k) = G_e U(k-1) - E_c(k-1) \tag{10-1}$$

式中，$Y(k)$ 為當前加工週期的輸出；G_e 為週期系統等價的動態模型，是基於擴張狀態觀測器的重複控制機械驅動系統的等價傳遞函數得到的（即 ESO 與重複控制的結合）；$U(k-1)$ 是前一個週期的控制輸入；$E_c(k-1)$ 是前一個週期的測量誤差。

$$\mathbf{Y}(k) = \begin{bmatrix} y(0,k) \\ \vdots \\ y(T-1,k) \end{bmatrix}, \mathbf{U}(k) = \begin{bmatrix} u(0,k) \\ \vdots \\ u(T-1,k) \end{bmatrix}, \mathbf{E}_c(k) = \begin{bmatrix} e_c(0,k) \\ \vdots \\ e_c(T-1,k) \end{bmatrix}.$$

從 GCTC 模型中可建立 GCTC 控制模組如圖 10-2 所示。在圖 10-3 中 GCTC 控制模組包含一個低通濾波器 $H(z)$ 和一個穩態控制器 $C(z)$。

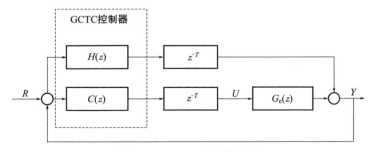

圖 10-2 GCTC 控制模組圖

從圖 10-2 中可寫出關於期望輸出的誤差公式：

$$E = R - z^{-T}[CG_e - H]E \qquad (10\text{-}2)$$

或等價於

$$(z^T + C(z)G_e(z) - H(z))E(z) = z^T R \qquad (10\text{-}3)$$

不考慮外部信號的影響，穩定性可通過對齊次方程的求解來判定，將式(10-3) 的右邊設為 0，重寫為：

$$z^T E(z) = [H(z) - C(z)G_e(z)]E(z) \qquad (10\text{-}4)$$

將方括號中的函數作為一個週期到下一個週期的傳遞函數，然後將 $z = \exp(j\omega T)$ 代入，式(10-4) 就變為一個頻域傳遞函數。所以頻域傳遞函數的幅值須滿足：

$$|C(z)G_e(z) - H(z)| < 1, \forall z = e^{j\omega T} \qquad (10\text{-}5)$$

定理（10-1） 對於週期 T 的所有值，GCTC 系統漸進穩定的充要條件是式(10-5)須針對從 0 到奈奎斯特頻率的所有 ω 皆滿足。

註：儘管討論的誤差是齊次方程的解，但是 Longman[1] 已經表明了當衰退率非常慢時，可近似認為每個週期的反應是穩態的。所以，式(10-5) 是 GCTC 系統穩定的充要條件。

定理（10-1）中的穩定性條件依賴於濾波器 $H(z)$ 和穩定控制器 $C(z)$，這兩個可分別進行設計。假設等價的動態模型 $G_e(z)$ 為一個最小相位系統，一個特殊的構造形式設計 $C(z)$：

$$C(z) = k_s H(z)/G_{en}(z) \qquad (10\text{-}6)$$

式中，$G_{en}(z)$ 為 $G_e(z)$ 的名義模型；濾波器 $H(z)$ 滿足 $\|H(z)\|_\infty < 1$ 且階數至少與 $G_{en}(z)$ 相同；k_s 是一個大於 0 的常數。

在系統模型已知的前提下［比如 $G_{en}(z) = G_e(z)$］，將式(10-9) 代入定理(10-1) 中，還可以進一步得到如下推論。

推論（10-1） 當 $G_e(z)$ 穩定，且 $G_{en}(z) = G_e(z)$ 時，須滿足以下兩個條件才能使圖 10-2 中的閉環控制系統達到穩定特性：

① $H(z)$ 穩定，且 $\|H(z)\|_\infty < 1$；

② k_s 是個常數，且滿足 $|k_s - 1| < \dfrac{1}{\|H(z)\|_\infty}$。

證：將式(10-6) 代入式(10-5)，得到 $\|H(z)\|_\infty < 1$ 和 $|k_s - 1| < \dfrac{1}{\|H(z)\|_\infty}$，則結論可直接得到。

上面提出的 GCTC 控制結構可以直接簡單地被設計出來。總而言之，主要由兩部分需要解決：濾波器 $H(z)$ 和回饋增益 k_s。從式(10-3) 和式(10-6) 中可得出：

$$\frac{E}{R} = \frac{1}{1 + (k_s - 1)H(z)} \tag{10-7}$$

很明顯，式(10-7) 的值越小越好。因此，在設計控制器的時候盡可能地使式(10-10) 的分母大。在這裡，總結出一些控制器設計的主要規則。

① 式(10-7) 中的回饋增益 k_s：當 k_s 增大時，誤差會變小，但同時也要保證閉環系統的穩定性。根據推論 (10-1)，k_s 的選擇應該滿足 $|k_s - 1| < \dfrac{1}{\| H(z) \|_\infty}$。

② 濾波器的結構：當 $H(z)$ 的值選擇較小時，可以得到較大的 k_s 值；一般來說，$H(s)$ 的結構選擇為 $H(s) = \dfrac{1}{Ts+1}$，$H(z)$ 可通過雙線性變化方法由 $H(s)$ 轉化得到。

10.2 基於 GCTC 控制的數控凸輪磨削的閉環輪廓曲線控制

凸輪片的輪廓曲線是由數控磨削系統中的 C 軸和 X 軸聯動合成的[2,3]，在一個凸輪片給定的情況下，可以得到理想的輪廓曲線方程 $\rho = f(\theta)$，即兩個軸的輸入序列值滿足方程 $r_1 = f(r_2)$。其中，r_1 為 X 軸輸入，r_2 為 C 軸輸入。

定義一個新的輪廓誤差為：

$$e_s = y_1 - f(y_2) \tag{10-8}$$

式中，y_1 為 X 軸輸出；y_2 為 C 軸輸出。

考慮到凸輪片尺寸只能在加工一個工件的一個週期之後才能得到準確的測量，導致在加工週期中，輪廓曲線的控制是開環的，符合 GCTC 回饋控制中的沒有頻繁測量的現象存在。定義重複執行一項給定的指令直至所有的動態過程結束為一個週期，當前週期的輸出指導下一個週期的輸入，所以當前週期的輸出是上一個週期輸入的結果。

數控凸輪磨削加工的最終控制目的是使輪廓誤差趨於 0：$e_s \rightarrow 0$。

數控凸輪磨削加工的 GCTC 模型為：

$$Y_1(k) = G_{e1}U_1(k-1) - E_s(k-1) \tag{10-9}$$

式中，$Y_1(k)$ 為當前過程的輸出（即當前 X 軸的輸出）；G_{e1} 為 X 軸的等價動態模型，是基於擴張狀態觀測器的重複控制機械驅動系統的等價傳遞函數得到的；$U_1(k-1)$ 是前一個週期的控制輸入；$E_s(k-1)$ 是前一個週期的測量誤差。

$$Y_1(k) = \begin{bmatrix} y_1(0,k) \\ \vdots \\ y_1(T-1,k) \end{bmatrix}, U_1(k) = \begin{bmatrix} u_1(0,k) \\ \vdots \\ u_1(T-1,k) \end{bmatrix}, E_s(k) = \begin{bmatrix} e_s(0,k) \\ \vdots \\ e_s(T-1,k) \end{bmatrix}.$$

結合式(10-9)，建立基於 GCTC 控制的輪廓曲線閉環控制結構圖，如圖 10-3 所示。圖 10-4 中包含一個低通濾波器 $H_T(z)$ 和穩定性控制器 $C_T(z)$，且採用了內模結構，G_{e2} 是主軸（C 軸）的等價動態模型。

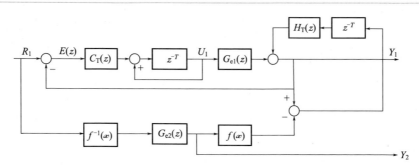

圖 10-3　基於 GCTC 回饋控制的輪廓曲線閉環控制結構圖

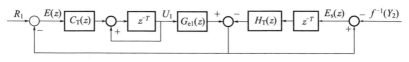

圖 10-4　與圖 10-3 等價的結構圖

從圖 10-3 中可看出，穩定性的判斷較困難，所以將圖 10-3 轉化為另一種形式，如圖 10-4 所示。從圖 10-4 中可看出，控制系統結構由兩個子系統串聯而成。根據小增益定理可得出系統穩定的充要條件。

定理（10-2）　當 G_{e1} 和 G_{e2} 均為穩定時，如果滿足以下條件，則圖 10-5 中基於 GCTC 回饋控制的輪廓曲線控制系統穩定：

① $C_T(z)$ 為穩定系統且 $\| 1 - C_T(z)G_{e1}(z) \|_\infty < 1$；

② $H_T(z)$ 為穩定系統且 $\| H_T(z) \|_\infty < 1$。

證：如圖 10-5 所示，系統可以分解為串聯的兩個子系統，整個系統的穩定性即為兩個串級子系統穩定性的結果[4,5]。在圖 10-5 中，根據小增益定理和重複控制的穩定性條件，當且僅當 $\| 1 - C_T(z)G_{e1}(z) \| < 1, \forall z = e^{j\omega T}$ 滿足時，第一部分穩定；根據小增益定理，當 $\| H_T(z) \|_\infty < 1$ 時第二部分穩定。

故得出，閉環系統的穩定條件為：$\| 1 - C_T(z)G_{e1}(z) \|_\infty < 1, \| H_T(z) \|_\infty < 1$，$C_T(z)$ 和 $H_T(z)$ 均為穩定系統。

引理（10-1）　假設 Q 是 $r \times r$ 維矩陣，譜半徑 $d(Q) < 1$，如果序列 $\{Z_k\}_k \geqslant 0$，

$\{P_k\}_k \geqslant 0 \subset R^r$ 滿足下列條件：① $\lim\limits_{k \to \infty} P_k = 0$；② $Z_{k+1} = QZ_k + P_k$。則可以得到 $\lim\limits_{k \to \infty} Z_k = 0$。

證：由歸納法及條件②知

$$Z_k = Q^k Z_0 + Q^{k-1} P_0 + Q^{k-2} P_1 + \cdots + QP_{k-2} + P_{k-1}, \forall k \geqslant 0$$

由於 $d(Q) < 1$，故存在 $S \geqslant 1$ 及 $0 < T < 1$，使得

$$\forall k \geqslant 0, \| Q^k \| \leqslant ST^k$$

於是 $\| Z_k \| \leqslant S(Q^k \| Z_0 \| + Q^{k-1} \| P_0 \| + Q^{k-2} \| P_1 \| + \cdots + Q \| P_{k-2} \| + \| P_{k-1} \|)$

由條件①知，$\forall X > 0$，存在 $j_0 \geqslant 1$，使得當 $j > j_0$ 時，$\| P_j \| < X$，於是

$$\| Z_k \| \leqslant S \sum_{j=0}^{k-1} Q^{k-1-j} \| P_j \| + SQ^k \| Z_0 \|$$

$$= S \sum_{j=0}^{j_0} Q^{k-1-j} \| P_j \| + S \sum_{j=j_0+1}^{k-1} Q^{k-1-j} \| P_j \| + SQ^k \| Z_0 \|$$

$$< S \sum_{j=0}^{j_0} Q^{k-1-j} \| P_j \| + \frac{SX}{1-Q} + SQ^k \| Z_0 \|$$

故

$$\lim_{k \to \infty} Z_k \leqslant \frac{SX}{1-Q}$$

根據 X 的任意性 $\lim\limits_{k \to \infty} Z_k = 0$。

定理（10-3） 當圖 10-3 中的閉環控制系統穩定時，輪廓曲線誤差趨於 0。

證：從圖 10-3 中可寫出期望輸出的追蹤誤差和輪廓曲線誤差如下。

$$E = R_1 - \left(\frac{z^{-T}}{1-z^{-T}} C_T G_{e1} E + z^{-T} H E_s \right) \tag{10-10}$$

$$E_s = Y_1 - f^{-1}(Y_2) = \frac{z^{-T}}{1-z^{-T}} C_T G_{e1} E - z^{-T} H_T E_s - f^{-1}(Y_2) \tag{10-11}$$

等價為：

$$(z^T + C_T(z) G_{e1}(z) - 1) E(z) + (1 - z^{-T}) H_T(z) E_s(z) = z^T R_1(z) \tag{10-12}$$

$$(z^T + H_T(z)) E_s(z) - \frac{1}{1-z^{-T}} C_T(z) G_{e1}(z) E(z) = -z^T f^{-1}(Y_2) \tag{10-13}$$

當不考慮外部信號的影響時，穩定性是對齊次方程的求解，將式（10-12）和式（10-13）的右邊設為 0，重寫為：

$$z^T E(z) = [1 - C_T(z)G_{el}(z)]E(z) - (1 - z^{-T})H_T(z)E_s(z) \quad (10\text{-}14)$$

和

$$z^T E_s(z) = [-H_T(z)]E_s(z) + \frac{1}{1 - z^{-T}} C_T(z)G_{el}(z)E(z) \quad (10\text{-}15)$$

很明顯，當系統穩定時，式(10-16) 和式(10-17) 須同時滿足。

$$\| 1 - C_T(z)G_{el}(z) \|_\infty < 1 \quad (10\text{-}16)$$

$$\| -H_T(z) \|_\infty < 1 \quad (10\text{-}17)$$

由引理（10-1）可得出，輪廓曲線誤差趨於 0。

以上分析的穩定性條件依賴於濾波器 $H_T(z)$ 和穩定控制器 $C(z)$，這兩個控制器可分別進行設計。本節中的 $H_T(z)$ 採用巴特沃斯濾波器，截止頻率的選取應該在控制性能和魯棒性之間進行權衡。需假設等價的動態模型 $G_{el}(z)$ 為一個已設計好的最小相位系統。一個特殊的構造形式設計 $C_T(z)$：

$$C_T(z) = k_{ss}/G_{eln}(z) \quad (10\text{-}18)$$

式中，$G_{eln}(z)$ 為 $G_{el}(z)$ 的名義模型；k_{ss} 為一個大於 0 的常數。在系統模型已知的前提下 [比如 $G_{eln}(z) = G_{el}(z)$]，將式 $C_T(z) = k_{ss}/G_{en}(z)$ 代入定理（10-3）中，可以進一步得到如下推論。

推論（10-2） 當 $G_{el}(z)$ 穩定，且 $G_{eln}(z) = G_{el}(z)$，則須滿足以下兩個條件才能使圖 10-3 中的閉環控制系統達到穩定：

① $H_T(z)$ 穩定，且 $\| H(z) \|_\infty < 1$；

② k_{ss} 是個常數，且滿足 $0 < k_{ss} < 2$。

證：將式（10-17）代入式（10-18），得到 $\| H_T(z) \|_\infty < 1$，$|1 - k_{ss}| < 1$ 和 $k_{ss} > 0$，則結論可以直接得到。

參考文獻

[1] LONGMAN R W. On the theory and design of linear repetitive control systemsg [J]. European Journal of Control，2010，16(5)：447-496.

[2] 李啓光, 韓秋實, 彭寶營, 等. 凸輪廓形誤差力位融合預測與補償控制研究[J]. 機械設計與製造, 2014 (8)：264-267.

[3] 曹德芳, 鄧朝暉, 劉偉, 等. 凸輪軸磨削

加工速度優化調節與自動數控編程研究
[J]. 中國機械工程, 2012, 23 (18):
2149-2155.

[4] COSTA-CASTELLO R, NEBOT J, GRINO R. Demonstration of the internal model principle by digital repetitive control of an educational laboratory plant [J]. IEEE Transactions on Education, 2005, 48 (1): 73-80.

[5] NA J, REN X, COSTA-CASTELL R, et al. Repetitive control of servo systems with time delays[J]. Robotics & Autonomous Systems, 2013, 62 (3): 319-329.

數控加工系統速度優化與補償

作　　者：隋振，王靜，田彥濤

發 行 人：黃振庭

出 版 者：崧燁文化事業有限公司

發 行 者：崧燁文化事業有限公司

E-mail：sonbookservice@gmail.com

粉 絲 頁：https://www.facebook.com/sonbookss/

網　　址：https://sonbook.net/

地　　址：台北市中正區重慶南路一段六十一號八樓 815 室

Rm. 815, 8F., No.61, Sec. 1, Chongqing S. Rd., Zhongzheng Dist., Taipei City 100, Taiwan

電　　話：(02)2370-3310

傳　　真：(02)2388-1990

印　　刷：京峯數位服務有限公司

律師顧問：廣華律師事務所 張珮琦律師

國家圖書館出版品預行編目資料

數控加工系統速度優化與補償 / 隋振，王靜，田彥濤 著 . -- 第一版 . -- 臺北市：崧燁文化事業有限公司，2024.03

面 ； 公分

POD 版

ISBN 978-626-394-116-8(平裝)

1.CST: 數值控制 2.CST: 機械製造 3.CST: 數控工具機

446.841029　　　113002969

定　　價：450 元

發行日期：2024 年 03 月第一版

◎本書以 POD 印製

電子書購買

臉書

爽讀 APP